伦理学与公共事务

Ethics & Public Affairs

第 7 卷

主　　编　李建华
执行主编　冯昊青

ZHEJIANG UNIVERSITY PRESS
浙江大学出版社

图书在版编目（CIP）数据

伦理学与公共事务. 第 7 卷 / 李建华主编. —杭州：
浙江大学出版社，2020.9
ISBN 978-7-308-20603-7

Ⅰ.①伦…　Ⅱ.①李…　Ⅲ.①公共管理—伦理学—文
集　Ⅳ.①B82-051

中国版本图书馆 CIP 数据核字（2020）第 178563 号

伦理学与公共事务（第 7 卷）

李建华　主编

责任编辑　陈思佳　陈佩钰
责任校对　陈逸行
封面设计　雷建军
出版发行　浙江大学出版社
　　　　　（杭州市天目山路 148 号　邮政编码 310007）
　　　　　（网址：http://www.zjupress.com）
排　　版　浙江时代出版服务有限公司
印　　刷　杭州良诸印刷有限公司
开　　本　787mm×1092mm　1/16
印　　张　9.75
字　　数　190 千
版 印 次　2020 年 9 月第 1 版　2020 年 9 月第 1 次印刷
书　　号　ISBN 978-7-308-20603-7
定　　价　58.00 元

《伦理学与公共事务》
编辑委员会

《伦理学与公共事务》
学术委员会

目　录

学术争鸣

书评

当代马克思主义伦理学研究

- 马克思及其社会伦理批判
- 马克思主义伦理学可以内含政治哲学吗？
- 马克思主义视域下的"人类命运共同体"概念辨析
- 自然世界、历史世界和辩证唯物主义

马克思及其社会伦理批判

万俊人[*]

　　首先,感谢浙江师范大学举行这样一个非常有意义的学术论坛并邀请我参加!我还想借此机会特别感谢几位来自学术杂志的负责人和编辑朋友,特别是景来兄、伯灵兄!他们都是我多年的朋友,并且在各个方面都给予我很多支持。我想通过在一个公开的场合致谢,以表示我的诚意和慎重。会议组织者李建华教授让我参加这个会议并且承担一个任务,就是做一次发言,两天前我告诉他我想讲这个题目。

　　各位是马克思主义研究的专家,我也是马克思主义的学习者。我在北京大学任教的时候还客串过马克思主义哲学教授的角色,因为有一位讲"反杜林论"这门课程的教授病了,没人顶课,当时主任急得不得了,我说:"您别急,我去。"他满脸疑惑,结果让他有些意外,我讲得还算成功。我成功的秘诀是,把杜林"请出来",然后再让恩格斯批判他,而不是像过去那样,总是在杜林"缺席"的情况下,恩格斯一个人独白式地批判他。好多年以后,我有一个弟子在一所高校任教,也讲"反杜林论"这门课程,但讲着讲着,听课的学生走了一半。她十分焦急,跑来找我说:"师父,这课我讲不下去了。"我先安慰并鼓励她一番,然后就把我自己阅读《反杜林论》时所做的批注本给了她,里面有好多我自己的阅读批注,加上我的旧讲义。我说,你就按我的思路和法子来讲,让杜林同恩格斯"同台"对话争论,你既自己做辩论赛主持人,又邀请听课同学跟你一起做辩论点评人和打分者,最后做好课堂总结,把讲课的要点、知识点和引申意义简明扼要地概述清楚,如此大功可成。果然,这门课后来"起死回生",效果相当不错。

　　我讲这段经历是想告诉大家,我读马克思、恩格斯等革命思想家的原著采取了与一般经典阅读有所不同的方式。我的体会是,通过情景还原式的阅读,寻求对马克思的本真理解,以防止先入为主或概念先行。大家知道,马克思的思想贡献巨大,是几百年才有的伟大的革命思想家。在许多世界范围的评估或排名中,马克思都名列前茅,甚至高居榜首。比如,"现代世界最有影响的10位思想家"、"现代社会最伟大的10位思想家"等,在这类排名中,马克思均榜上有名。可见,马克思纵然不能说是千古一人,也堪称现代五百年来思想家中的第一人。作为革命思想家的马克思的巨大影响自不待言,他是可以改变世界并真的改变了世界的伟大的革命思想家。有些思想家能够做到影响世界或者影

---

　　* 万俊人,中国伦理学学会会长、清华大学首批文科资深教授、人文学院院长、校学术委员会委员。

响部分世界,只有马克思的思想可以彻底改变一个世界。

那么马克思的思想力量从何而来? 我以为,马克思的思想力量不仅来自他的理论本身,还来自他的思想风格和方法。这就是我今天要讲的。

我们都知道,马克思创立了历史唯物主义哲学,提出了共产主义理论,并且把共产主义理论从乌托邦提升到科学社会主义,等等。我们还可以找到各种各样有关马克思成就的表述。但在我的理解中,马克思最伟大的贡献是他对现代社会,特别是对 18 世纪成熟资本主义的社会批判。这种社会批判的力量如此之大,以至于我们找不到其他任何一种思想体系能够与之比肩,即便是 20 世纪风行全球的现象学-存在主义运动,也无法与之相比。马克思的社会批评的力量一半来自马克思主义的科学理论,另一半来自其所内含的道义力量。所以我就把论题定为"马克思对现代社会的伦理批判"。

马克思早年充满了理想。他的博士论文对人生和人类的幸福提出了许多非常美妙的构思,从其早期的《1844 年经济学哲学手稿》开始,马克思就在展望人类美好社会,并冷静地观察、审视、衡量、分析、评价和反思他眼前的社会现实。仅仅通过阅读马克思早期的《1844 年经济学哲学手稿》,我们就可以看出马克思已经逐渐发现并揭示他所审视的资本主义社会的秘密,那就是现代社会的"物化",进而是人和社会的"异化",也就是从物的异化到人的异化。后来,马克思开始追踪这种异化所产生的根源,并对之做了深入细致的分析。其实,中期马克思已经发现了这个社会的秘密,他在《德意志意识形态》这本书中,有力地揭露了现代社会表象背后的虚假面目。具体地说,就是着手剥离现代资本主义社会的虚伪装饰,其直接批判对象是德意志的意识形态虚构,但实际上我们显然已经感觉到,马克思其实是在批判整个资本主义社会用以掩饰自身的意识形态幻想虚构。所谓意识形态,就是某一特定社会所构造的用以规导这个社会的价值取向、社会理想,并且借以组织和动员社会的基本观念和思想形态。用我们的话说,就是社会的核心价值体系。马克思批判的是德意志,但他暗指的是整个西方所代表的资本主义社会。在批判中,马克思触及了人类社会发展的根本矛盾和根本问题,提出了历史唯物主义的基本原理,也就是历史唯物主义的四个基本要素——生产力、生产关系、经济基础和上层建筑,以及它们之间的复杂关系和运动。这就是说,中年马克思已经完成他的基本社会立场的转变和决断,其标志正是他基本完成了其历史唯物主义基本原理的理论建构。正是由于有这样一个坚固的理论基础,后期马克思可以对整个西方资本主义社会做出更深刻的批判,其代表性成果就是他晚年未完成的巨著《资本论》。

在《资本论》中,马克思为自己开展对西方资本主义,具体来说,是对西欧资本主义社会的批判,找到了一个常人所不能发现的切入点,那就是"资本"。现代社会,我们说它是市场经济社会。市场经济,实际上是一种经济体制。我经常使用的比方是,市场经济就像一条新的河床,新的河床要疏导社会生产财富流向财富的大海。显然,比河床更重要的是河床里的水,那就是资本。没有水及其畅流,河床本身无异于沟壑。在此意义上说,没有资本就没有市场经济,这是亚当·斯密最初发现市场经济秘密的时候已然揭示了的。亚当·斯密最早在格拉斯哥做道德哲学讲席教授,主讲道德哲学。他在讲国民财富来源时,专门分析过国家税收,通过税收来源来解释国民财富的来源,这些讲义就是后来《国富论》的最初"草稿"。国民财富是怎么增长的呢? 斯密发现了一个秘密:同样的产品,当它们被变为商品的时候,其所可能产生的商业利润不仅与该产品的质量有关,而且与商品的交易距离也存在着正比例关系。具体地说,商品交易的距离越远,所带来的利润就可能越高。也就是说,同一件商品,在不同的时空范围内交易,所实现的市场价值是不一样的,交易距离越远,利润越高。我对"资本"概念的理解很简单,所谓"资本"就是"钱她妈",通俗地说,凡能够"生"钱的价值物都具有资本的意义。在这一意义上,马克思抓住了资本这一关键概念。最后,《资本论》还是恩格斯帮他整理后得以全部出版的。马克思在《资本论》中,从对资本主义社会的细胞——"资本"——的解剖开始,查看整段资本主义社会的病源究竟在什么地方。他发现,资本及其衍生过程,充满着或者说隐含着经济剥削,所以他说,资本主义社会的每一个毛孔、血管里都充满着工人阶级和劳动人民的血汗。经济剥削是政治压迫的基础,正是经济剥削导致了资本主义社会的阶级(阶层)——利益阶级与无利益阶级亦即资产阶级与无产阶级——之间的分化、矛盾、冲突和斗争。而资产阶级作为既得利益者,同皇室、教会达成某种妥协,一起来压迫失去了一切的无产阶级。马克思由此诊断,资本主义这个社会的病因是基因性的、难以改变的。因为它的细胞基因——资本——本身有问题,因此他断定资本主义社会必然灭亡,号召全世界无产者联合起来,革资产阶级的命,重新建立一个没有剥削、没有压迫的共产主义社会来取而代之,这是马克思对资本主义社会的诊断结论。关于这一结论,我们不能简单幼稚地看,应当辩证历史地看。我个人的解读体会是,由于资本主义社会代表着西方现代社会的历史演进全过程,而西方现代性乃是现代世界或现代社会五百余年的基调和主色,因此,在这一意义上,我们可以把马克思的资本主义社会批判理论视为一种较早成熟的代表性西方现代性批判理论。事实上,作为现代西方马克思主义之早期代表的法兰克福学派所继承和发挥的,正是马克思的这种社会批判理论传统。

坦率地说,我大学时开始学习马克思主义哲学和共产主义运动史两门课程时便产生了这样的意识和直觉,但第一次确信这一点则是在1993年访学哈佛大学时,听罗尔斯教授讲政治哲学课期间。1993年秋季学期,罗尔斯先生在哈佛大学退休前最后一次开课,这个学期,他开设了两门课程:一门是道德哲学,另一门是政治哲学。他的政治哲学实际上是西方政治哲学史性质的课程,从柏拉图、亚里士多德一直讲到诺齐克,中间他花了两周专门讲马克思。奇怪的是,后来他的弟子编辑其《政治哲学讲演录》时,竟然没有整理收录马克思一讲,诺齐克的一讲也没有收录,不知何故。他在讲马克思时有一句话让我和同时选听此课的北大哲学系何怀宏教授都有些意外。罗尔斯在课上说,马克思是现代西方最值得重视和敬重的思想家之一,然而他在欧美学术界没有受到应有的重视。为什么呢?他认为,"正是马克思拯救了资本主义"。我当时没有反应过来,下课后何怀宏教授和我还聊到这句话,我就跟着他到罗尔斯的办公室问他,我问:"Jack, did you say it's just Karl Max that saves the capitalism?"("杰克,你刚才在课堂上说正是马克思拯救了资本主义?"附注:罗尔斯的名本来叫约翰,但我平时都用人们对他的昵称,叫他杰克。)他说:"是的。"我又问:"为什么?"然后他放下书跟我说:"万,面对一个患了严重疾病的人,你认为最关键的是什么?"我说:"治疗。"这是本能的反应——治疗,病了当然要治。他说:"那在治疗的过程中,哪一种要素最重要——药物?大夫?或者是别的什么?"我说:"药物,中国有句话是对症下药。"他说:"不,不是药物,是诊断!如果对病人的病诊断不正确,治疗就无从谈起。"他说:"所以,我是在这个意义上说,是马克思拯救了资本主义,因为马克思是资本主义社会最高明的大夫,他发现了这个社会最深刻、最根本的问题——缺乏基本的公平正义。"于是,我理解了他为什么说是马克思拯救了资本主义。因为他确信,马克思对欧美资本主义社会的诊断是对的,因为有剥削、压迫,资本主义社会不公平、不正义。不过,罗尔斯认为,马克思对资本主义社会开出的治疗处方太猛、太激进,不太现实。

马克思把资本主义社会的病症视为癌症,因而开出的治疗药方是彻底铲除式的制度替换或制度根治,即用另一种社会制度来替代资本主义社会制度。但罗尔斯的药方是"制度调整"。他认为,只需要对现存的社会基本制度或"基本结构"进行制度调整或制度的重新安排,便可以让这个社会更加公平正义。这也是他写《正义论》的一个基本动因,就是他为什么谈制度正义,一辈子都在研究这个主题,无论是《正义论》的社会伦理之"平衡反思"方式,还是晚年的《政治自由主义》进一步从政治哲学的角度来阐释和论证这一主题,都是如此。

我想告诉大家的是,我的学习体会在很大程度上能够体现马克思的主题思想及其基本风格,也就是马克思社会批判理论的思想力量,而且我以为这一维度的理解与诠释马克思的文本理论同样重要,同样有效,甚至更有推进拓展的理论与思想潜力。当代西方马克思主义中,像尤尔根·哈贝马斯和法兰克福学派,我认为是从这一角度去理解马克思的成功尝试。可以说,他们比较忠实地创造性地继承和发展了马克思的社会批判理论,并且由此形成了当代西方马克思主义的社会批判理论学派,哈贝马斯无疑是这一学派的代表人物。实际上,哈贝马斯参与了欧盟建立的全过程,并成为欧盟宪法的第一执笔人,他将马克思的某些思想或多或少地、或明或暗地带入了欧盟宪法,使得几乎整个欧洲——一个发展参差不齐的现代国际区域——有可能整合成一个具有某种统一性的政治共同体,虽然现在受到美国的强力挑战和打压,但它毕竟还是建立起来了。迈出这一步已然是一个了不起的成功。所以在这个意义上,我感觉国内的马克思主义者或马克思的研究者们过多地用力于马克思的文本研究和理论研究上,忽略了对马克思社会批判理论与思想风格的研究和阐发,而这正是我们这个社会和国家,乃至当代世界最急需最缺少的一种研究,或者说,无论是当代中国还是当代世界,都急缺一种健康有力的社会批判理论,尤其是对整个现代性的社会批判,这是我们最急需的思想资源和理论方法之一。

哲学是时代精神的精华,应该对一切时代性的问题和挑战做出强有力的理论解答和思想回应。而要做到这一点,理论真理的逻辑力量和思想道义的价值力量缺一不可。马克思和马克思主义留给我们最珍贵的思想遗产便是,理论与实践相统一,历史规律的真理追求与社会价值的道义批判相统一,亦即辩证唯物主义与历史唯物主义相统一。

2019 年 5 月 11 日

(本文系根据作者在第五届马克思主义伦理学论坛上的即席发言之录音整理而成,经作者本人校读定稿后出版。特此说明。)

马克思主义伦理学可以内含政治哲学吗？

张　霄[*]

各位前辈、朋友，大家上午好。

我今天主要与各位同仁交流一个观点：马克思主义伦理学是可以内含政治哲学的。

提出这个观点，并不是要对马克思主义伦理学做某种学科意义上的划分。提出这个观点，完全是为了回答李义天教授和我五年来被问得最多的一个问题："李老师、张老师，我觉得我的研究和马克思主义伦理学是有关系的，但我不确定这算不算是马克思主义伦理学。"问这个问题的人主要来自两个群体：一个是从事马克思主义政治哲学研究的，一个是从事思想政治教育研究的。就第一个群体来说，他们通常认为，政治哲学的确也讨论正义、平等、自由这些道德价值。从这个意义上讲，政治哲学和伦理学当然有关系。但政治哲学毕竟不是伦理学，两者走不到一起去吧？第二个群体的人多半会问，思想政治教育包括思想道德教育，这和伦理学肯定有关系，但究竟是何种关系呢？对领导人伦理思想的研究是马克思主义伦理学吗？讨论思想道德建设问题算马克思主义伦理学吗？为了回答这些问题，我们不得不对什么是马克思主义伦理学下一个定义。为此，我们写了一篇文章叫《"小马伦"与"大马伦"：马克思主义伦理学研究的两个概念》来专门澄清这个问题。今天，我在这里主要讲第一个群体关心的问题，即马克思主义伦理学和政治哲学的关系。

我们认为，马克思主义伦理学可以内含政治哲学。讲到这个观点，就不得不说说道德哲学和政治哲学之间的关系。原来我一直没觉得这是一个问题，因为它们有着各自的讨论主题。在直觉中，它们好像有着不言自明的区别和联系。而弄清这些区别和联系并不是特别重要的事。但是，当我们真正面对这个问题的时候才发现，这不仅是一个需要被讨论的问题，而且也是一个值得被讨论的问题。特别是我们在阅读一些英文文献的时候发现，国外学者也对这个问题有热烈的讨论。

比如我最近读到布朗大学查尔斯·拉莫尔（Charles Larmore）教授的一篇论文叫"什么是政治哲学？"，其中就讲到道德哲学和政治哲学的关系。他说有两种竞争性的政治哲学概念，一个是道德主义（moralism）的政治哲学，一个是现实主义（realism）的政治哲学。

---

* 张霄，中国人民大学哲学院副教授，伦理学与道德建设研究中心副主任。

这两者有什么区别呢? 道德主义的政治哲学,以亚里士多德为代表。这种政治哲学建立在道德哲学的基础上,可以说是一种应用的道德哲学。国内经常使用的"政治伦理"这个概念,在很大程度上就可以被归入这种政治哲学。它是政治哲学的古典形态。一般来说,它首先会有一种探讨人性的道德理论,继而再把政治生活看作是实现理想的道德人性观念的最重要的部分。亚里士多德在《尼各马可伦理学》中讲的就是这个道德理论,即他的美德伦理学。之后紧接着他就讲政治学,说政治学主要干两件事,一个是立法,一个是建立优良的政体。而这两件事的主要目的就是实现至善。这个至善是什么呢? 就是《尼各马可伦理学》里讲的幸福。所以,尽管亚里士多德认为,政治学是研究至善最好的学科,但政治哲学毕竟是为了实现幸福这一道德理想打开自身的。

但是,霍布斯以后的政治哲学开始转向了一种现实主义的路数。它不再关心所谓的道德理想问题,而把解决现实政治生活中的利益冲突、确立政治权威运用政治权力的合法性当作主要的讨论对象。从某种意义上说,道德不再作为一种目的,而是作为一种手段。道德可以为政治正义提供理由,说一个社会怎样才能把某种义务指定给个体。所以说,这就不再是一种对道德理想的政治追求了,而是一种对现实的政治秩序的讨论。从这个意义上讲,政治哲学越来越非道德化了,同时也越来越法学化了。也就是说,政治哲学越来越脱离道德哲学开始自立门户,越来越和法哲学走得近。现代意义上的政治哲学,多是这种现实主义的政治哲学。道德主义的政治哲学既不是主流,也没有多大的势力。尽管有不少学者认为,这种分离道德与政治的政治哲学无益于当代政治哲学的长远发展,但这些讨论是微弱的。

不过,在我们看来,很多人忽略了黑格尔在这方面可能给我们提供的丰富资源。我们觉得黑格尔的法哲学就是一种结合上述两种政治哲学进路并把道德哲学和政治哲学结合起来的典范。黑格尔会把道德哲学层面的东西叫作道德法。政治哲学主要关注的是国家共同体。所以,政治哲学在黑格尔那里,就是在国家层面的法哲学。但黑格尔显然考虑得更多。因为除了国家共同体之外,还有家庭和市民社会。这样说来,黑格尔的法哲学其实可以被看作是"道德哲学+社会哲学+政治哲学",而讨论共同体层面的法就是伦理法。不管是道德法还是伦理法,都是法的概念即自由概念及其在不同环节上的实现。不仅如此,黑格尔在论述法的过渡和发展时,也总是从"法"和"不法"的矛盾关系与冲突入手层层推进。

黑格尔在他的《法哲学原理》中将法分为抽象法、道德法和伦理法三个阶段。抽象法是外在的、客观的法,是自由概念最初的设定。抽象法要成为现实的法,就必须进入主体,成为"活的善"。这就是道德法了。道德法说到底是自己给自己立法。但在黑格尔看来,如果像康德哲学那样,让法的阶梯停留在这个层面上,就会是不成熟的。因为如果最终是自己给自己立法,那么个人良心就会成为最终的评价标准。这就会造成在道德意志上被认为是对的东西,在伦理意志看来可能就是不好的。所以,主观的道德意志必须得上升到主客观结合的伦理意志。黑格尔其实是要告诉我们,应该在现实的社会生活中看待伦理道德问题,不能完全脱离现实生活谈论抽象的道德问题。在这里,黑格尔并没有让政治哲学从属于道德哲学,也没有脱离道德谈政治哲学,而是通过自由这个概念的发展和实现把道德哲学、政治哲学都看作是前后相继的法哲学的一个环节。抽象法是抽象的自由概念及其定在,道德法是主观的自由概念及其定在,伦理法是自在自为的自由概念及其定在。自由概念承前启后,一以贯之。而每一个环节上的定在就是各种现实的法律及其典章制度。

我们说马克思主义伦理学可以内含政治哲学就是从黑格尔的法哲学引来的观点。因为马克思、恩格斯都说过,黑格尔的法哲学就是他的伦理学。在我们看来,这句话虽然是在讲法哲学与伦理学的黑格尔式关系,但在某种程度上也反映出马克思、恩格斯对法哲学与伦理学关系的理解。其实,从马克思在众多场合的表述来看,如果他真的写一部伦理学著作,很有可能就是黑格尔法哲学的样貌。例如,马克思有一句广为人知的描述自由概念的话叫"每个人的自由发展是一切人自由发展的前提"。其实,这句话是对黑格尔伦理法最精到的表述。在自由人的联合体中,每个人都是自由的,联合体本身是正义的。这也是黑格尔对伦理法的描述。自由人的联合体在黑格尔那里就是伦理共同体。在伦理共同体中,个体自由和共同体的正义处在一种和谐的关系中。所以说,马克思也是推崇自由的,也认为个体自由的实现要借助现实的伦理共同体。他对个体与共同体关系的理解和黑格尔对伦理法的理解具有很深的渊源及承继关系。但与黑格尔有所不同的是,他说的那个自由是基于社会劳动的自主性生产概念,不是自然法的设定,且最根本的实现自由的伦理共同体不是国家,而是生产组织。总之,马克思的确也是通过自由这个概念贯通个体与共同体之间的关系的。马克思的政治哲学和道德哲学在这一点上有着高度的统一性。

不过,说到这里,或许有人会问,那既然这样,为什么不直接叫马克思主义法哲学呢?因为在我们看来,这里有特别重要的两点可以说明用马克思主义伦理学要比马克思主义法哲学更好。第一点,马克思主义理论是与西方源自自然法传统的法哲学格格不入的。我们说,虽然黑格尔也强调从现实的伦理关系看待善恶问题,但这终究也是从抽象法发展来的。抽象法就是抽象权利,而这个抽象权利是自然法设定的东西。所以《法哲学原理》还有一个副标题叫"自然法和国家学纲要"。也就是说,那些现实的伦理也是某种超现实的自然法的设定和展开。这是黑格尔哲学的内在矛盾,即一方面推崇现实,另一方面又把现实看作是概念的设定。他能做到这一点,主要是通过"后验先验化、先验概念化、概念现实化"的三步手法。显然，马克思没有这种基于自然法的先验设定。也就是说，马克思主义理论与西方的自然法理论不是一个路子的。这样一来，用马克思主义法哲学就会引起某些误导。第二点，马克思主义理论强调从现实的社会关系出发理解人的本质。从伦理学上讲，也就是从现实的伦理关系的角度理解人的伦理道德问题。这和中国伦理学从现实的人伦关系出发探究人伦之理的思路是契合的。"伦理"这个词既是中国伦理学所特有的，同时也反映出马克思主义理论在善恶问题上的研究思路，可以更好地、更贴切地反映马克思主义伦理学的精神实质及其精髓。这种关联为构建中国特色社会主义的伦理学提供了富有极大想象空间的打开方式。综合以上两点，我们认为，用马克思主义伦理学要比用马克思主义法哲学更好，更有发展前途。但我们并不否认，我们所理解的马克思主义伦理学又是从法哲学的形式中变化发展出来的，是对后者的结构化升级改造。

需要澄清的是，我在这里不是说所有的道德哲学和政治哲学都要按照黑格尔的这种方式结合起来。而是说，在马克思主义这里，我们有理由相信，两者是可以而且应当结合起来的。严格说来，我们也可以把马克思主义伦理学分成三个组成部分：道德哲学、社会伦理学、政治哲学。马克思主义伦理学没有作为形而上学的道德哲学部分，所以道德哲学在马克思主义伦理学这里可转变为一种具有方法论性质的道德推理理论。社会伦理学也是马克思主义伦理学的重要组成部分。社会伦理学研究各种各样的社会伦理关系。而对这些社会伦理关系的研究主要落在应用伦理学领域。这些应用伦理学研究在面向实践的时候，也就和职业伦理学联系在了一起。从这个意义上我们可以说，应用伦理学是社会伦理学的"研究面"，而职业伦理学是社会伦理学的"建设面"。它们所构成的"一体两面"的研究格局或将成为马克思主义伦理学研究的主体部分。这也体现了马克思主义理论面向现实、面向实践的品质。如果我们对社会伦理学在某一社会系统内有一个总体上的把握的话，这种社会伦理学也就变成了一种现实的政治哲学。另外，通过前面对马克思主义伦理学的讨论，我们有理由认为，马克思主义政治哲学可以是一种具有顶层设计性质的理论，而在这种顶层设计中，我们可以讨论道德价值观问题，如社会主义核心价值观的引领问题。这是一种自上而下的形式。但与此相对的是，还有我们刚才说的从社会伦理学上升到政治哲学的自下而上的形式。在我们看来，这两种形式的汇聚，才是最为重要的。因为这两种形式给我们提供了看待社会伦理学与政治哲学各自属性的参照物。而在所有关于社会伦理学与政治哲学的讨论中，道德哲学作为一种方法论和推理技巧，是无处不在的。

（本文系根据作者在第五届马克思主义伦理学论坛上的即席发言之录音整理而成，经作者本人校读定稿后出版。特此说明。）

马克思主义视域下的"人类命运共同体"概念辨析

王晓路 *

  "人类命运共同体"概念引起全球范围的普遍关注,是世界经济全球化深度融合的必然反映,揭示了人类文明正在从区域性、局部性文明向普遍性、整体性文明过渡的历史必然性。习近平总书记在党的十九大报告中提出:"构建人类命运共同体,建设持久和平、普遍安全、共同繁荣、开放包容、清洁美丽的世界。"这句话高度概括了构建人类命运共同体思想的核心内涵和时代主题。人类命运共同体已经成为一种话语符号,为世界文明的发展指出了清晰的方向和准确的定位。马克思主义的唯物史观,是以社会基本矛盾为依据的文明进步论,揭示了在阶级社会,一切文明的进步都是在冲突中实现的。"没有对抗就没有进步。这是文明直到今天所遵循的规律。到目前为止,生产力就是由于这种阶级对抗的规律而发展起来的。"① 马克思主义的唯物史观明确主张,阶级斗争是社会发展的直接动力,反对一切"超阶级"的利益观,否认所谓的"普遍利益"。因此,人类命运共同体论与阶级斗争动力论是否冲突? 建构人类命运共同体与国家利益优先如何进行价值排序? 人类命运共同体作为一种重要范畴能否与其他马克思主义理论范畴保持逻辑上的一致性? 学理上人类命运共同体思想与唯物史观的理论体系是否相融? 对这些问题的科学回答,必然要把人类命运共同体概念放到唯物史观范畴体系中去理解,实现学理上的融通与自洽。

一、经济全球化的深度融合需要新的文明理念

  按照列宁主义的观点,在国家垄断资本主义条件下,资本主义发展到帝国主义阶段,由于资本的贪婪本性及对外扩张,欧洲爆发了两场震惊世界的战争。对第二次世界大战及其灾难性后果的深刻反思和批判,逐渐聚焦在人类文明的进化方式本身。当代核战争的毁灭性大大超出了二战时的战争样态,动摇了传统社会"你死我活"的理念。

---

* 王晓路,河北经贸大学马克思主义学院副教授,西安交通大学马克思主义学院在职博士研究生。研究方向为马克思主义发展史、马克思主义伦理学。

① 马克思:《哲学的贫困》,《马克思恩格斯全集》第4卷,北京,人民出版社,1965年版,第104页。

· 12 ·

一方面,表现为优胜劣汰的生物进化法则不再适用于地球上不同民族或国家之间的关系。"弱肉强食是丛林法则,不是国与国相处之道。穷兵黩武是霸道做法,只能搬起石头砸自己的脚。"①也就是一味掠夺对方,发展自己要以他国的衰落为代价,这些以私有制为前提的工业文明观,逐渐丧失了其合理性。习近平主席在联合国大会发言时强调,"世界的前途命运必须由各国共同掌握",所以,构建人类命运共同体,是各国共同的事业,也就是联合国努力奋斗的目标,这就需要建立一种新思维方式。"我们要坚持多边主义,不搞单边主义;要奉行双赢、多赢、共赢的新理念,扔掉我赢你输、赢者通吃的旧思维。"②另一方面,在经济领域优胜劣汰的经济规则造成的破坏性,也成为有目共睹的事实。资本主义把追求个人利益最大化作为免于批判的前提,固化财产私有化的理念,确立自我中心主义的发展模式;放任市场波动带来的自然资源和社会财富的浪费;纵容自私性泛滥;放弃提升、改造道德的努力。换句话说,人类道德原则从个人主义向集体主义的进化,不以自然资源不可逆转的灾难性后果为代价就不能实现。少数人的财富利益,不建立在多数人的生态利益牺牲或损失的基础上就不能被满足或获取。财富增长或效率提升,必须伴随着道德贫困性的报应。市场盲目性造成的财富浪费、投资破产是利己主义的硬性"约束"和事后"惩罚"机制。伴随人类征服自然的"胜利",自然界对人类技术进步报复程度更深,更频繁,后果更无法预测。人类从利己主义的囹圄中摆脱出来,自然界给人类还留下多少时间?

要么改变,要么毁灭。人类已处于命运选择的十字路口,人类已经趋近命运的"拐点"。习近平主席讲到当今世界:"人类生活的关联前所未有,同时人类面临的全球性问题数量之多、规模之大、程度之深也前所未有。世界各国人民前途命运越来越紧密地联系在一起。面对这种局势,人类有两种选择。一种是,人们为了争权夺利恶性竞争甚至兵戎相见,这很可能带来灾难性危机。另一种是,人们顺应时代发展潮流,齐心协力应对挑战,开展全球性协作,这就将为构建人类命运共同体创造有利条件。我们要抓住历史机遇,做出正确选择,共同开创人类更加光明的未来。"③

所以,放弃"弱肉强食"的丛林法则,把人类命运当作一个整体去思考,是避免毁灭的唯一选择。人口问题、资源枯竭、生态危机和环境灾难等一系列工业文明引起的全球性问题,需要一种以"人类命运"为视角的新的文明观。习近平主席明确指出:"人类命运共同体,顾名思义,就是每个民族、每个国家的前途命运都紧紧联系在一起,应该风雨同舟,

① 习近平:《习近平谈治国理政》第二卷,北京,外文出版社,2017年版,第523页。
② 习近平:《习近平谈治国理政》第二卷,北京,外文出版社,2017年版,第523页。
③ 习近平:《在中国共产党与世界政党高层对话会上的主旨讲话》,《人民日报》,2017年12月2日,第2版。

荣辱与共,努力把我们生于斯、长于斯的这个星球建成一个和睦的大家庭,把世界各国人民对美好生活的向往变成现实。"①

二、"生命共同体"是"命运共同体"的自然基础和核心内容

马克思认为,自然界是"人类的无机身体"。所以,劳动是"生产自己的生命",生育是"生产他人的生命",这都是由"共同活动方式决定的"(共同活动方式与社会关系是同一术语),为人类命运共同体思想提出了坚实的唯物主义的基础。

第一,社会生活本身是由实践活动构成的"生命共同体"。马克思、恩格斯在《德意志意识形态》一书中指出:"这样,生命的生产,无论是通过劳动而生产自己的生命,还是通过生育而生产他人的生命,就立即表现为双重关系:一方面是自然关系,另一方面是社会关系,社会关系的含义在这里是指许多个人的共同活动,不管这种活动是在什么条件下、用什么方式和为了什么目的而进行的。由此可见,一定的生产方式或一定的工业阶段始终是与一定的共同活动方式或一定的社会阶段联系着的,而这种共同活动本身就是'生产力';由此可见,人们的所达到的生产力的总和决定着社会状况。"②马克思明确提出了,社会关系就是人类的"共同活动","生产力"就是"共同活动本身",这些思想为人类命运共同体思想提出了坚实的唯物主义的基础。

第二,"命运共同体"的思想是从"生命共同体"概念中引申出来的,思想具有继承性。地球是所有生命的唯一共同体,这一客观事实,并没有随着人类的实践活动而改变。物种进化或人类存续是通过个体的生命繁衍而实现的。生命共同体,并不是描述单个生命的存在方式或存在状态,而是作为物种意义上的概念而存在,而"命运共同体"最早是在2012年党的十八大报告中被提出。我们不去考察命运概念的具体历史演变和意义的多维性。一般说来,"命运"指在过去、现在、将来的动态联系中,揭示生死、贫富等一切遭遇的依据。命运概念侧重从个人或社会集团运行的规律或趋势的角度,指明发展变化的确定性趋向或归宿。党的十八大报告强调,人类只有一个地球,各国共处一个世界,要倡导"人类命运共同体"意识。以"命运共同体"的新视角,从人与自然,国家与国家两个层面,揭示人类对地球的依赖性或国家与国家之间唇亡齿寒、休戚与共的普遍联系,进而寻求人类共同利益和共同价值的新内涵,是近年来中国政府反复强调的关于人类社会的新理

---

① 习近平:《在中国共产党与世界政党高层对话会上的主旨讲话》,《人民日报》,2017 年 12 月 2 日,第 2 版。

② 《马克思恩格斯文集》第 1 卷,北京,人民出版社,2009 年版,第 532—533 页。

念。"生命共同体"与"命运共同体"虽然有联系,但却不能混为一谈。就像同一父母所生的不同子女,家庭作为一个生命共同体是就血缘关系而言,但不同子女之间并不是命运的共同体。因为每个人的机缘不同,选择不同,努力方向与程度也不同,所以每个子女的社会地位不同,婚姻家庭美满程度不同,家庭运气也不一样,对社会的贡献也截然不同。所以,同一家庭的不同子女之间并不是命运共同体。

第三,命运共同体,也不等同于价值共同体。因为,剥削现象的存在导致不同的价值主体在利与弊、善与恶上都是对立或相反的。在阶级社会中,统治阶级与被统治阶级之间,也没有共同的命运。恩格斯说:"由于文明时代的基础是一个阶级对另一个阶级的剥削,所以它的全部发展都是在经常的矛盾中进行的。生产的每一进步,同时也就是被压迫阶级即大多数人的生活状况的一个退步。对一些人是好事的,对另一些人必然是坏事,一个阶级的任何新的解放,必然是对另一个阶级的新的压迫。"[①]所以,把人类命运共同体仅仅限定在价值命题或价值原则层面,或者上升到抽象的"类"本质,离开利益的伦理道德都会陷于空洞和荒谬,是学理上的退却。把科学社会主义止于伦理社会主义、人道社会主义,就会倒退到费尔巴哈式的水平,是马克思主义明确反对的。因此,把人类的解放限于伦理意义上的解放,把人类命运共同体仅仅理解为价值诉求或价值原则,此路也不通。

第四,命运虽然包含利益,但不能把"人类命运共同体"狭隘地、错误地解读成"人类利益共同体"。马克思、恩格斯以社会利益具有阶级属性为依据,常常把所谓的共同体称为"冒充的共同体"或"虚假的共同体",明确反对"利益共同体"的欺骗性。"在过去的种种冒充的共同体中,如在国家等中,个人自由只是对那些在统治阶级范围内发展的个人来说是存在的,他们之所以有个人自由,只是因为他们是这一阶级的个人。从前各个人联合而成的虚假的共同体,总是相对于各个人而独立的;由于这种共同体是一个阶级反对另一个阶级的联合。因此对于被统治的阶级来说,它不仅是完全虚幻的共同体,而且是新的桎梏。"[②]马克思主义基于"共同体是一个阶级反对另一个阶级的联合"的思想,以此推论,在阶级社会中,国家作为"利益共同体"必然是虚幻的形式,"普遍的东西一般来说是一种虚幻的共同体的形式"[③]。

---

① 恩格斯:《家庭、私有制和国家的起源》,《马克思恩格斯全集》第 21 卷,北京,人民出版社,1965 年版,第 201 页。

② 《马克思恩格斯文集》第 1 卷,北京,人民出版社,2009 年版,第 571 页。

③ 《马克思恩格斯文集》第 1 卷,北京,人民出版社,2009 年版,第 536 页。

三、马克思主义揭示了"共同体"阶级属性生成与边界不断扩大的规律

第一,共同体是人类生存的基本条件,是劳动目的的核心内容之一。马克思在《1857—1858 年经济学手稿》,特别是在《资本主义生产以前的各种形式》中,集中讨论了共同体的思想及共同体发展的历史形式。马克思认为前资本主义的社会中,劳动和土地是结合在一起的。无论是西方小土地所有制还是东方以公社为基础的公共土地所有制,"在这两种形式中,各个人都不是把自己当作劳动者,而是把自己当作所有者和同时也进行劳动的共同体成员。这种劳动的目的不是创造价值——虽然他们也可能从事剩余劳动,以便为自己换取他人的产品,即剩余产品,相反,他们劳动是为了维持各个所有者及其家庭以及整个共同体的生存。个人变为上述一无所有的工人,这本身是历史的产物"①。马克思认为劳动的目的是"个人、家庭和整个共同体生存"的思想,揭示了人类命运共同体的要义。人类的命运首先取决于生命和整个共同体的存在,因为,人的生命存在和种族的延续是人类一切生存价值的基础。

第二,马克思认为,共同利益是共同体存在的客观依据,而共同利益是由生产力的历史水平决定的,是社会分工的产物。"随着分工的发展也产生了单个人的利益或单个家庭的利益与所有互相交往的个人的共同利益之间的矛盾,而且这种共同利益不是仅仅作为一种'普遍的东西'存在于观念之中,而首先是作为彼此有了分工的个人之间的相互依存关系存在于现实之中。"②也就是说,共同利益不是单个利益的"加总",而表现为一种你离不了我,我也离不了你的"相互依存关系"。共同利益是现实的客观存在,而不仅仅是观念的存在方式。

第三,考察了前资本主义所有制的历史形式,揭示了共同体变化的原因和规律。马克思把亚细亚的所有制形式,称为土地所有制的第一种形式,而这种所有制形式的前提为"首先是自然形式的共同体",也叫"部落共同体"。"天然的共同体,并不是共同占有(暂时的)和利用土地的结果,而是其前提。一旦人类终于定居下来,这种原始共同体就将随种种外界的,即气候的、地理的、物理的等等条件,以及他们的特殊的自然性质——他们的部落性质——等等,而或多或少地发生变化。自然形成的部落共同体,或者也可

---

① 《马克思恩格斯文集》第 1 卷,北京,人民出版社,2009 年版,第 123 页。
② 《马克思恩格斯文集》第 1 卷,北京,人民出版社,2009 年版,第 536 页。

以说群体——血缘、语言、习惯等等——的共同性,是人类占有他们生活的客观条件,占有那种再生产自身和使自身对象化的活动(牧人、猎人、农人等的活动)的客观条件的第一个前提。土地是一个大实验场,是一个武库,即共同体的基础,既提供劳动资料,又提供劳动材料,还提供共同体居住的地方,即共同体的基础。人类素朴天真地把土地当作共同体的财产,而且是在活劳动中生产并再生产自身的共同体的财产。每一个单个的人,只有作为这个共同体的一个肢体,作为这个共同体的成员,才能把自己看成所有者或占有者。"①马克思提出的"土地是共同体基础"、"单个人是共同体肢体"的思想,揭示了共同体概念的生存论基因和历史源头。因为,资本主义生产方式的基础是劳动者与劳动资料的分离,导致对劳动资料所有或占有,成为人类生产劳动的前提。从历史上考察,正好相反,生产资料占有或所有根本不是劳动的结果而是前提,也就是说,是部落共同体而不是劳动,才是生产资料所有或占有的前提。马克思揭示的部落共同体形成过程中,自然环境变化始终是部落共同体变化的影响因素。今天人类遇到的全球性问题,从本质上讲正是劳动者与生产资料分离带来的一切灾难,思考人类的命运,必然思考原始共同体的本意,寻找人类生存的智慧,把地球当作全人类共同的财产去敬畏和保护,这是维护共同体的基础。

第四,共同体的阶级局限性必然造成原有共同体的不断解构与更大范围内的重构。国家作为一种最大的共同体,其存在的必要性和合理性不容怀疑。一方面,在一定的条件下,阶级利益的冲突和斗争,有时是你死我活的斗争,甚至表现为残酷的战争。在阶级社会中,国家作为一个共同体有共同体外观形式或共同体的基本要素,无政府主义始终不是正确的历史选择。因为国家"始终是在每一个家庭集团或部落集团中现有的骨肉联系、语言联系、较大规模的分工联系以及其他利益的联系的现实基础上,特别是在我们以后将要阐明的已经由分工决定的阶级的基础上产生的,这些阶级是通过每一个这样的人群分离开来,其中一个阶级统治着其他一切阶级"②。另一方面,社会分工造成了各个特殊利益与共同利益的对立,国家作为一种共同体形式存在有其必要性。"正因为各个人所追求的仅仅是自己的特殊的、对他们来说是同他们的共同利益不相符合的利益,所以,他们认为,这种共同利益是'异己的'和'不依赖'于他们的,即仍旧是一种特殊的独特的'普遍'利益。"③也就是说"共同利益"是异己的、压抑性力量,是需要反抗的利益。"正是由于特殊利益和共同利益之间的这种矛盾,共同利益才采取国家这种与实际的单个利益

① 《马克思恩格斯文集》第8卷,北京,人民出版社,2009年版,第123—124页。
② 《马克思恩格斯文集》第1卷,北京,人民出版社,2009年版,第536页。
③ 《马克思恩格斯文集》第1卷,北京,人民出版社,2009年版,第537页。

和全体利益相脱离的独立形式,同时采取虚幻的共同体的形式。……"①马克思认为,从前的"一切共同体都是一个阶级对另一个阶级的联合",国家作为虚假的共同体,只是假借了共同体的外观,打上普遍利益的烙印,共同体只是作为一种表象,掩盖着特殊利益的强权意志。所以,国家不是利益的共同体,但因具有利益共同体的表象,所以国家内部的斗争不过是虚幻的形式。国家作为一种政体,其各种民主形式的斗争,如"民主政体、贵族政体和君主政体相互之间的斗争,争取选举权的斗争等等,不过是一些虚幻的形式"②。国家作为国体是阶级斗争不可调和的产物,在"虚幻形式"下"进行着不同阶级间的真正的斗争(德国的理论家们对此一窍不通,尽管《德法年鉴》和《神圣家族》已经十分明确地向他们指出这一点)"③。所以国家作为一个利益共同体是虚幻的,但作为一个共同体形式,是历史的产物。正是阶级斗争的存在,所以"这些始终真正地同共同利益和虚幻的共同利益相对抗的特殊利益所进行的实际斗争,使得通过国家这种虚幻的'普遍'利益来进行实际的干涉和约束成为必要"④。

第五,在资本主义发展到国家垄断资本主义,国家成为最大的垄断组织,成为现代社会生产力的实际拥有者,换句话说,是生产力的恰当的载体,国家成为社会生产力的现实占有者。资产阶级的国家才第一次成为社会真正的代表,担负起单个资本家无力承担的铁路、邮政等公共基础设施建设的重任。生产力的国家占有,是国家垄断资本主义社会的显著特征,赋予了国家这种共同体更大的经济职能和公共管理职能,但仍然没有摆脱生产力的资本主义占有属性。从大历史尺度讲,人类社会仍将长期处于由资本主义向社会主义过渡的时代,国家资本主义长期存在的合理性是我们思考人类命运共同体的现实依据。

四、世界各国共同掌握世界的命运

"大道之行,天下为公。"建构人类共同命运体,是当代全球化过程中最公开、最响亮、最无畏的口号,成为"左右一切人的时代声音"。"当今世界,各国相互依存、休戚与共。我们要继承和弘扬联合国宪章的宗旨和原则,构建以合作共赢为核心的新型国际关系,

① 《马克思恩格斯文集》第1卷,北京,人民出版社,2009年版,第536页。
② 《马克思恩格斯文集》第1卷,北京,人民出版社,2009年版,第536页。
③ 《马克思恩格斯文集》第1卷,北京,人民出版社,2009年版,第536页。
④ 《马克思恩格斯文集》第1卷,北京,人民出版社,2009年版,第537页。

打造人类命运共同体。"①

第一,人类命运共同体作为一种文明观,上升为全球治理的基本共识,首先成为处理国家之间关系的价值原则和共同愿景。世界再不能由个别国家或个别大国主宰和操控。过去都是"以大压小,以强凌弱,以富欺贫",谁拳头大谁说了算的游戏规则不能再延续下去了。要走出一条"对话而不对抗,结伴而不结盟"的国与国之间的新路。"建构人类命运共同体"与"我们只有一个地球"、"要求和平,反对战争"、"放弃冷战思维"、"物种多样化"、"世界多样化"、"战略互信"、"合作伙伴"等概念或命题一样,已经成为全球通行的话语体系。

第二,生产力高度发达使超越经济利益的道德追求作为自觉选择成为可能,这是价值原则认同并自愿遵循的主体性条件。人类命运共同体不可能建立在物质匮乏的基础上,只有人类摆脱贫困所引起的竞争,人类命运共同体才不会被特殊利益共同体所侵蚀,毁灭人类命运共同体的邪恶势力才不会死灰复燃。马克思认为,人类作为一个命运共同体,其联系的内容是客观的,来自生产力及其生产方式历史条件的客观性。"由此可见,人们之间一开始就有一种物质的联系。这种联系是由需要和生产方式决定的,它和人本身有同样长久的历史;这种联系不断采取新的形式,因而就表现为'历史',它不需要用任何政治的或宗教的呓语特意把人们维系在一起。"②所以,人类命运共同体不是中国共产党的政治宣传口号,而是人类客观、普遍的诉求,生产力是自然生产力与社会生产力的统一,社会生产力作为人类共同的活动方式,有不以人的意志为转移的物质性前提。

第三,建立起有效的全球普遍利益与民族特殊利益矛盾解决机制,这是价值愿景实现普遍认同的充分条件。人类命运共同体是各民族利益冲突解决机制有效性、可靠性、权威性的真实表达,不仅仅停留在价值愿景上,矛盾是普遍存在的,否认不同民族或国家之间利益的冲突,是一厢情愿的幻想。只有建立起有效的平台,实现利益冲突的公平合理的解决,人类才能由自然意义的"生命共同体"过渡到"命运共同体"。习近平主席强调:"我们认为,世界各国尽管有这样那样的分歧矛盾,也免不了产生这样那样的磕磕碰碰,但世界各国人民都生活在同一片蓝天下、拥有同一个家园,应该是一家人。世界各国人民应该秉持'天下一家'理念,张开怀抱,彼此理解,求同存异,共同为构建人类命运共同体而努力。"③马克思主义认为,由理想目标变成强制性利益要求,是价值理性实现的内在驱动力。因为,从人类文明伊始,在人类的生产实践过程中,客观利益与价值观念之

① 习近平:《习近平谈治国理政》第二卷,北京,外文出版社,2017年版,第522页。
② 《马克思恩格斯文集》第1卷,北京,人民出版社,2009年版,第533页。
③ 习近平:《在中国共产党与世界政党高层对话会上的主旨讲话》,《人民日报》,2017年12月2日,第2版。

间就是相互依存、互为依据的关系。利益或福祉的客观性和普遍性,是形成共同体的前提条件,也是社会价值理性的必要条件。当今时代全球经济已经深度融合,科学技术作为一种生产力已经井喷式发展,物质财富生产和制造能力已经相对过剩,面对全球性灾难,任何国家都不会再独善其身,通过战争掠夺致富,发"战争财",已经得不偿失。所以,人类命运共同体在当今时代,已经成为现实的真问题,已经从价值原则变成现实规范。这种现实规范表现在五个方面:政治上,要相互尊重、平等协商,坚决摒弃冷战思维和强权政治,走对话而不对抗、结伴而不结盟的国与国交往新路;安全上,要坚持以对话解决争端、以协商化解分歧,统筹应对传统和非传统安全威胁,反对一切形式的恐怖主义;经济上,要同舟共济,促进贸易和投资自由化、便利化,推动经济全球化朝着更加开放、包容、普惠、平衡、共赢的方向发展;文化上,要尊重世界文明多样性,以文明交流超越文明隔阂,以文明互鉴超越文明优越;生态上,要坚持环境友好,合作应对气候变化,保护好人类赖以生存的地球家园。

五、重构人类命运共同体的力量与当今的社会主义运动互为支撑

"人类命运共同体"在马克思主义思想概念体系中,是一个全新的概念。但对共同体的理解,还是要遵循马克思的定义方式。马克思认为"共同体的抽象,即其成员除语言等等而外毫无共同的东西,甚至语言也不一定是共同的,这显然是晚得多的历史状况的产物"①。所以,共同体的概念总是在历史过程中,不断具有新的内容,体现出历史上共同体不同的特殊性,人类命运共同体,就是一种特殊的共同体,是以共同利益为基础的处理国家与国家之间关系的一种新理念。

第一,我们今天讲的"人类命运共同体",还是正在建构中的松散的"联合",并不是"联合体"。马克思在讨论资本主义所有制形态时,讲到了日耳曼的公社。公社作为一种共同体,马克思认为:"公社便表现为一种联合而不是联合体,表现为以土地所有者为独立主体的一种统一,而不是表现为统一体。因此,公社事实上不是像在古代民族那里那样,作为国家、作为国家组织而存在,因为它不是作为城市而存在的。为了使公社具有现实的存在,自由的土地所有者必须举行集会,而例如在罗马,除了这些集会之外,公社还

---

① 《马克思恩格斯文集》第 8 卷,北京,人民出版社,2009 年版,第 140 页。

存在于城市本身和掌管城市的官吏等等的存在中。"①也就是说,我们今天讲的人类命运共同体,是类似于马克思讲的"公社"意义上的共同体,这种共同体,换句话说,不是"统一体"的"统一",不是"联合体"的"联合"。

第二,理解人类命运共同体,就必须从更高层次的自然主义的层面,回归人类命运共同体的"天然性"。人类命运共同体作为人类共同体的重构,是对"部落共同体"的否定之否定,是对"国家共同体"的扬弃。关于劳动的目的和全人类的利益,马克思讲过:"古代的观点和现代世界相比,就显得崇高得多,根据古代的观点,人,不管是处在怎样狭隘的、民族的、宗教的、政治的规定上,总是表现为生产的目的,在现代世界,生产表现为人的目的,而财富表现为生产的目的。事实上,如果抛掉狭隘的资产阶级形式,那么,财富不就是在普遍交换中产生的个人的需要、才能、享用、生产力等等的普遍性吗?财富不就是人对自然力——既是通常所谓的'自然'力,又是人本身的自然力——的统治的充分发展吗?财富不就是人的创造创造天赋的绝对发挥吗?这种发挥,除了先前的历史发展之外没有任何其他前提,而先前的历史发展使这种全面的发展,即不以旧有的尺度来衡量的人类全部力量的全面发展成为目的本身。"②所以,人类要掌握自身的命运,就必然抛弃"狭隘的资产阶级形式"的异化,必须放弃使人屈从于"旧有的尺度"造成的片面性,回归"共同体"作为生存和劳动前提的本义,不忘"对自然力统治的充分发展"的财富观和共享观,实现人类自由而全面发展的共同的理想。当今世界,"持久和平"、"普遍安全"、"共同繁荣"、"开放包容"、"清洁美丽",都成为关乎人类命运的重大时代课题、主题,引起全世界各种社会共同体的普遍关注。

第三,生态社会主义运动是重构人类命运共同体的重要力量。在绿色环境保护运动方面,人类可持续发展的理念得到全世界的广泛共识,绿色GDP也成为经济活动的重要指标。绿色、环保、生态、共享的发展理念正成为时代发展的主旋律。正如在历史上,人类共同体的解构一样,当今时代,人类命运共同体必须重构。其中绿色运动和生态马克思主义是可以凭依的重要的力量。因为生态问题既是当代资本主义危机的表现形式,也是引起人们民生关注的热点,生态是人类命运共同体最根本的内容,生态文明成为文明发展的明确诉求。

第四,无产阶级的解放只有建立在对人类命运高度自觉的基础上才有可能实现。在普遍交往造成的全球化进程中,彻底摆脱社会分工造成的社会力量的异化,实现个人的全面自由发展,"没有共同体,这是不可能实现的。只有在共同体中,个人才能获得全面

---

① 《马克思恩格斯文集》第8卷,北京,人民出版社,2009年版,第132页。
② 《马克思恩格斯文集》第1卷,北京,人民出版社,2009年版,第137页。

发展其才能的手段,也就是说,只有在共同体中才可能有个人自由。……在真正的共同体的条件下,各个人在自己的联合中并通过这种联合获得自己的自由"①。人类的解放必须重新建构"真正的共同体"。马克思所讲的"真正的共同体"与我们讲的"人类命运共同体"是两个不同的概念。前者是国家消亡意义上的共同体,而我们讲的人类命运共同体是独立主权国家意义上的共同体。而历史上曾经存在过的任何共同体都有其阶级局限性,资产阶级国家这种共同体也是如此。"法国、英国和美国的一些近代著作家都一致认为,国家只为了私有制而存在的,可见,这种思想也渗入日常的意识了。因为国家是统治阶级的个人借以实现其共同利益的形式,是该时代的整个市民社会获得集中表现的形式。"②马克思认为:"某一阶级的各个人所结成的、受他们与另一个阶级相对立的那种共同利益所制约的共同关系,总是这样一种共同体,这些个人只是作为一般化的个人隶属于这种共同体,只是由于他们还处在本阶级的生存条件下才隶属于这种共同体;他们不是作为个人而是作为阶级的成员处于这种共同关系中的。而在控制了自己的生存条件和社会全体成员的生存条件的革命无产者的共同体中,情况就完全不同了。在这个共同体中各个人都是作为个人参加的。它是各个人的这样一种联合(自然是以当时发达的生产力为前提的),这种联合把个人的自由发展和运动条件置于他们的控制之下。而这些条件从前是受偶然性支配的,并且是作为某种独立的东西同单个人对立的。这正是由于他们作为个人是相互分离的,是由于分工使他们有了一种必然的联合,而这种联合又因为他们的相互分离而成了一种对他们来说是异己的联系。"③

第五,只有以无产阶级为基础的政党,才能担当起建构人类命运共同体的历史使命,才能真正领导全人类的解放事业。人类命运共同体作为新时代中国特色社会主义的外交方略,成为一种主导性全球治理价值原则,并逐步得到全世界的普遍认同,是以马克思主义为指导和顺应时代要求的结果。马克思认为,只有无产阶级才是"民族特殊性已经消灭的阶级",才真正关心人类的前途和命运,建设全人类命运共同体的事业,这是无产阶级的先进性和历史地位所决定的。"一般说来,大工业到处造成社会各阶级间相同的关系,从而消灭了各民族的特殊性。最后,当每一民族的资产阶级还保持着它的特殊的民族利益的时候,大工业却创造了这样一个阶级,这个阶级在所有的民族中都具有同样的利益,在它那里民族独特性已经消灭,这是一个真正同整个旧世界脱离而同时又与之对立的阶级。"④所以,只有无产阶级的先进性才能真正领导人类的解放,才能担当建构

---

① 《马克思恩格斯文集》第 1 卷,北京,人民出版社,2009 年版,第 571 页。
② 《马克思恩格斯文集》第 1 卷,北京,人民出版社,2009 年版,第 584 页。
③ 《马克思恩格斯文集》第 1 卷,北京,人民出版社,2009 年版,第 573 页。
④ 《马克思恩格斯文集》第 1 卷,北京,人民出版社,2009 年版,第 567 页。

人类命运共同体的历史使命。以马克思主义为指导的中国共产党率先提出人类命运共同体的倡议。

所以,中国共产党提出人类命运共同体的概念,是对马克思主义共同体理论的创新和发展,与马克思主义的理论蕴涵相一致。在对抗的文明发展中,共同体就是为了战争而存在的。"某一共同体,在它把生产的自然条件——土地(如果我们立即来考察定居的民族)——当作自己的东西来对待时,会碰到的唯一障碍,就是业已把这些条件当作自己的无机体而加以占据的另一共同体。因此,战争就是第一个这种自然形成的共同体的最原始的工作之一,即用以保卫财产,又用以获得财产。"①国家像其他共同体一样,正是因为作为共同体的狭隘性,"它不仅仅是完全虚幻的共同体,而且是新的桎梏"。按马克思主义政治经济学的理解,只要国家资本主义存在,周期性经济危机就不可避免。当今世界冷战结束后,大大小小的战争就没有停止过,战争的危机仍然是重构人类命运共同体的实践逻辑的起点。"持久和平"首先成为人类命运共同体的第一要务。以此为前提,"普遍安全"才有保障,才能谈得上"共同繁荣"。只有在"开放包容、清洁美丽"的世界,人类才能实现从必然王国向自由王国的飞跃。

从这一意义上,人类命运共同体,是包含战争观、生态观、开放观、安全观、平等观、交往观、责任观等多重蕴涵的唯物史观的新范畴,是以习近平同志为核心的党中央战略思维、历史思维、辩证思维、创新思维、法治思维、底线思维能力的具体体现,是中国传统文化倡导"天下一家",主张"民胞物与"、"协和万邦"、"天下大同"在新时代的体现,是马克思主义立场与观点同优秀传统文化思想相结合的典范,"建构人类命运共同体"与马克思主义指出的实现共产主义社会的理念同向而行,反映了全世界人民憧憬"大道之行,天下为公"的心愿,对美好生活的向往是不可抗拒的历史潮流。

---

① 《马克思恩格斯文集》第 1 卷,北京,人民出版社,2009 年版,第 141 页。

自然世界、历史世界和辩证唯物主义

[美]艾德·普鲁斯[*](Ed Pluth)

李西祥^{**}译

  任何将拉康的理论与辩证唯物主义整合在一起的企图都面临着一个问题。可以说，我对齐泽克(Slavoj Žižek)著作的其他地方的讨论围绕着这个问题进行，但没有明确地表达它。那么，直言不讳地说，这里所讨论的就是这个问题。任何拉康式的唯物主义的界定性特征是其论断"性关系并不存在"的存在论应用，这个论断必须被解读为关于根本的非关系的命题。在齐泽克及其他拉康式唯物主义者的著作中，这变成了关于在事物核心本身的根本分裂的命题，一种在我们的星球上的缺陷。"没有和平，甚至在空洞中也没有和平"①，正如齐泽克所说的那样。

  尽管这个命题很好地表达了冲突和僵局是根本的辩证观点，但是任何辩证唯物主义都必须实际上补充一个在其核心处的关系的断言：因为不仅冲突和僵局对辩证唯物主义是根本的，而且变化（而不是会被误解为目的论的发展）对辩证唯物主义也是根本的，并且变化是一个根本的关系性概念。

  但是即使这样也还不够。把辩证唯物主义从机械的或形而上学的庸俗的唯物主义中区分出来需要的是，承认在思维和存在之间有力的相互作用，同时做出物质存在对于这些相互作用具有首要性的某种说明。

  我的观点是，为了避免一种关于思维地位的自然主义的、还原论的副现象主义（把它还原为纯粹的意识形态和幻觉），辩证唯物主义必须肯定思维和存在的某种等同的现实性，以及彼此之间的相互影响，而放弃后者的在先性。任何不能这样做的辩证唯物主义最终都会屈服于我认为是其自身的唯心主义的特殊偏离：自然主义。

  那么，如果这还说得不够清楚，这个问题就是：这些对唯物主义辩证法的要求是如何与被非关系所根本支配的、对它而言实在界根本上是一个僵局的拉康的世界相容的？我将论证如果上述任何一个概念都不与自然等同，并且，在一方面自然和历史情境或世界

---

  * 艾德·普鲁斯，美国加州州立大学哲学系教授，著有《能指和行动：拉康理论中的主体的自由》、《阿兰·巴迪欧》等。

  ** 李西祥，哲学博士，浙江师范大学马克思主义学院副研究员，"双龙学者"特聘教授。

  ① Slavoj Žižek, *Less than Nothing：Hegel and the Shadow of Dialectical Materialism*，London：Verso，2012，p.415.

和另一方面即作为存在的存在，或实在界，或前存在论的空洞之间维系一个区分，那么把拉康的实在界与某种像巴迪欧的作为存在的存在和齐泽克的前存在论的空洞等同是一个合理的步骤，并为辩证唯物论开辟了空间。然而，关于齐泽克的最近著作以及他对量子物理学的使用，我所关心的是他以一种仍然过于自然化的方式着手这一问题。

如果这里看起来没有什么问题，如果人们指出即使对拉康派而言性的或其他的关系毕竟也在发生，应该记住的是只有在一种幻觉的、幻象的框架内事情才会如此。拉康的论断"不存在性关系"当然是伴随着关于其功能是在事实上没有关系的地方"书写"一种关系的机制（尤其是幻象）的不同论断。① 然而，通过拉康理论自身的使用，通过所涉及机制的拉康数学式能够得到的更为科学的洞见和断言与这个机制比较时，如此机制为何没有像意识形态这种事物的地位，是很难理解的。

事实上，存在着一种直率地拥抱拉康观点的这种阐释的拉康解读。例如，把拉康看作某种类似于当代诡辩者的事物的芭芭拉·卡辛（Barbara Cassin），她对拉康的解读绝不是没有价值的。② 并且如克莱特·索勒（Collette Soler）所指出的，难道拉康不是毕竟把思维还原为包含其他快感的一种形式吗？③ 如同他在《讨论班二十：继续》中所断言的，"哪里有思维，哪里就有快感"（ou ca pense, ca jouit）④。而这难道不是拉康如此频繁地指责哲学的原因吗？对这种版本的拉康而言，哲学事实上将是无用的激情。

然后——最后一个证据，对之补充的是拉康自己似乎没有断言过他自己的观点是具体的辩证的。当然，辩证法是他使用的一个术语，在1950年代和1960年代早期使用足够频繁。但要注意的是，在这一时期它的使用几乎是专门在欲望的语境中（看看他的著名论文的标题"欲望的辩证法和主体的颠覆"）。欲望的结构当然是辩证的结构：以其所有的变换和模棱两可性。但是，我的观点是，这种在拉康理论内为辩证法提供运作地点的处所并不必然导致拉康理论的整体（无论它如何被思考或描述）可以被视作辩证的，或者拉康理论的结果赞成任何类似辩证唯物主义的东西。（存在着某种拉康式的唯物主义，当然，是一个可以捍卫的、更为容易的命题。我在这里所讨论的是这种唯物主义的任何版本可能具有的辩证性质。）事实上，欲望的辩证法运作的空间可以被描述为被狭窄地界定的后幻象空间，它将会使拉康这个观点的辩证法的整体可应用性没有实际意义。可以说，人们利用其幻象来欲望，并且根本幻象是在经过与大他者中的创伤性短缺遭遇

---

① Jacques Lacan, *The Seminar of Jacques Lacan, Book XX: Encore: 1972—1973*, New York: Norton, 1998, p. 35.

② Barbara Cassin, *Jacques le sophiste: Lacan, Logos, et Psychanalyse*, Paris: EPEL, 2012.

③ Collette Soler, "Lacan en antiphilosophe", *Filozofski vestnik*, XXVII, No. 2 (2006), pp. 121-144.

④ Lacan, *The Seminar of Jacques Lacan*, London: W. W. Norton & Company, 1991, p. 104.

后——确切地说,是与大他者的欲望的遭遇——自身发展的。只有这个时候,只有在这一切之后,或者不如说伴随着这些,任何类似辩证法的东西才开始或发生。但是,再一次地,在拉康理论之内,在这个辩证法在其之中的运作被限定的空间的基础上,是否将会存在任何属于"辩证的"对其观点的更宽泛应用,这一点并不清楚。例如,把想象界、符号界和实在界之间的关系视为辩证的是合理的吗? 1970 年代的波罗蜜结对任何的辩证观点有帮助吗? 难道拉康的拓扑学不是为了提出对辩证观点的替代而发展的吗? 难道这个部分不正是拉康如此经常公然地反对黑格尔的原因吗?

然而,这些被对拉康著作的反辩证的或非辩证的解读所忽视的,是他的观点对科学的导入,尤其是在精神分析将成为的新科学中的数学型的作用。因为就其采取了在数学化中迈出的新的一步而言,精神分析将成为类似于自然科学的科学,正如随着伽利略自然科学自身也迈出了这样一步一样。同时,精神分析也必须是某种不同于自然科学的事物,因为其对象领域是完全不同的。它所开启的阿尔都塞会称之为"理论大陆"的东西与自然科学的理论大陆不是同一的。① 随着其自身特殊的数学化,它所走进的实在界是某种完全不同的东西。它设置并且作用于不是自然科学之对象的新的理论对象:驱力、无意识、自我、超我,等等。因此,随着朝向数学化的步骤,精神分析的理论可以被认为是科学了。但是这个向前的一步不是由自然的数学化构成的,而是由必须被认为是某种类似文化(历史)空间的东西组成的(仍然不同于阿尔都塞所认为的被马克思所开启的历史大陆):发生在我们并不难视作物质的语言和实体的交叉空间中的对象、现象和实践。(如果人们喜欢,这个空间也可以被合理地视作第二自然,而无须真正改变这些观点。)

并且,正因为这个原因,它是一个在其中理论和理论之对象的辩证唯物主义关系中可以看到的空间。拉康的精神分析考虑到了在精神分析理论与其对象之间强烈的辩证关系。这是在其中它可以被视作辩证唯物主义的方面。不仅在事物核心的冲突中是被它所设置的,在它的理论和它对象以及实践之间也存在着有力的和交互的交换。并且,人们可以说,不同于自然科学的对象,精神分析的对象确实随着它们理论的变化而变化。(想一想弗洛伊德关于无意识对其发现如何做出反应和变化的讨论!)

巴迪欧和齐泽克都声称他们的哲学是某种辩证唯物主义,但是对两者而言辩证唯物主义的状况是完全不同的。我认为,齐泽克比巴迪欧走得更远,并且我认为在这一方面他的这种步骤是自然化的步骤。在我的论文《论先验唯物主义和自然的实在界》中,我为在文化(历史)情境和世界中的辩证唯物主义进行了论证,但不是为在自然科学情境和世

---

① Louis Althusser, *Lenin and Philosophy and Other Essays*, trans. by Ben Brewster, New York: Monthly Review Press, 2001, p. 22.

界中的辩证唯物主义进行论证,而且,我表达了对齐泽克的量子物理学的利用可能会导向还原论的关注。① 我此处的观点是由我与巴迪欧的关于在专属于其哲学的这个术语的意义上,在自然情境中不存在事件的共识所激发的。如果我们不是把事件理解为在世界的多元或存在者的组织中引起了变化,而是理解为引起了——更强的,一个侵入或重置——支配世界组织的规则本身的变化,自然情境并不允许这些就是引人注目的:说它们能够这样做就像允许自然奇迹发生一样。

那么,我所论证的是辩证唯物主义只有在带有事件的世界中,即在真理和真理程序出现和可以发展的世界中才是在场和可能的。对我而言,这对巴迪欧而言在《存在与事件》中的情况是清楚的,并且在《世界的逻辑》中,当他描述辩证唯物主义和民主唯物主义的区别时情况也是如此。这两种立场都同意这样的命题,即"只存在着实体和语言"。但是辩证唯物主义补充说:"此外还存在着真理。"②当然,存在着不确定的许多关于自然情境的真实陈述,但是这些陈述与在巴迪欧的哲学相关的意义上的真理是不同的。

要看到齐泽克如何给予了辩证唯物主义一个更为宽泛或更深刻的范围,我们必须思考在其著作中实在界的地位。在此与巴迪欧的比较会有所帮助。尽管听起来有些奇怪,我认为可以说,对巴迪欧而言存在论的对象事实上不是作为存在者的存在者。最终,存在论真正研究或进行工作的是什么呢? 总是只有两种不同的组织起来的杂多——自然情境和历史情境的两种巨大存在。集合理论是存在论:它为杂多的组织提供了规则和方法。但是作为存在者的存在者是一种不一致的、"纯粹的"杂多。我们可以用拉康的术语把它思考为作为形式化僵局的实在界。因此,在巴迪欧的存在论中作为存在者的存在者的专名必然是空洞的:因为在一种重要的意义中,存在论从不涉及它本身。毋宁说,它所涉及的是无论是什么的任何一致性的杂多。因此,两种基本的情境或世界,自然的或历史的,需要被理解为分享了相似的包罗万象的状况——它们都是激进的、不一致的不同组织,并且自身是作为存在者的存在者的非存在论的(纯粹)杂多。

重要的是,不要因为误置而错误地理解在巴迪欧哲学中自然和历史的区别。作为存在者的存在者既非自然也非历史,并且它既非自然的,也非历史的。就是说,不一致的杂多自身既非自然的世界也非历史的世界。这就是巴迪欧的哲学可以被以奇怪的术语描述的原因:描述为一种只是在某些方面上是一种辩证唯物主义的反自然主义的唯物主义。但是,就杂多的组织而言,自然情境或世界与历史情境或世界的区分是非常重要的。它们被下列区别所标志:在历史情境中,对抗作为自身成员的集合的规则——在自然情

---

① Ed Pluth, "On Transcendental Materialism and the Natural Real", *Filozofski vestnik*, ⅩⅩⅩⅢ, No. 2 (2012), pp. 95-113.

② Alain Badiou, *Logics of Worlds*, trans. by Alberto Toscano, London: Continuum, 2009, p. 4.

境中被保留的规则——被违反了。这使得这种情境向事件开放,似乎消除了作为存在的存在(或实在界)的侵入。自然情境并不允许这一点:自然世界的一个基本规则是没有任何集合可以是自己的成员。

显然,在这里,自然不等于作为存在者的存在者。但是,也不存在着包含了自然和历史世界的世界总体:可以说,不存在世界之世界。这使人们对类似于量子物理学的科学(或者甚至是经典物理学)在巴迪欧的著作中将与什么有关感到惊奇。巴迪欧曾经断言物理学所研究的东西——它被称作物质——将是下列事物的名称,即"直接在存在者之后的,呈现的事物的最为一般的可能的名称"①。物理学的世界被描述为具有最高普遍层次的世界——对自然情境而言是最高的,恰恰在作为存在者的存在者自身"之后"。当然,显然它将不同于存在论,它也仍然不是"世界之世界",也就是某种——一切(One-All)。

注意到量子物理学实际上对齐泽克而言也没有任何存在论的衍生意义是有趣的。对他而言,量子物理学不是存在论。但是,齐泽克确实认为量子物理学与在拉康理论中称为实在界的东西有关。例如,在《比无还少》中,他断言"不存在实在界的存在论"。相反,实在界是前存在论的。那么,齐泽克关于量子物理学的讨论及他对其观点的应用也不是关于存在论的,而是应该被视作属于这种前存在论的领域的,用谢林的话说,它是存在的基础。齐泽克认为,在"谢林称之为存在的东西与存在的基础"之间存在着一个裂隙:"先于完整的存在的现实,存在着一个混乱的非全的原现实,一个尚未完整建构的实在界之前存在论的、虚拟的波动。"②

在前存在论的和存在论的、虚拟的/实在的和后来组织起来的现实之间的区别似乎与巴迪欧的在作为存在的存在(作为不一致的、纯粹的杂多)与存在的有机集合之间的区别等同。但是,这里有一个重要的区别。齐泽克认为量子物理学向我们揭示了一个属于巴迪欧会必然视作等同于作为存在的存在自身之领域(前存在论)的结构。因此这意味着关于这个领域齐泽克正在说的比巴迪欧认为的我们能够说的更多——通过遵循量子物理学,并且把量子物理学作为这个领域的理论和科学,齐泽克可以说前存在论的/虚拟的实在具有一种特殊的(甚至是辩证的)结构。让我们说清楚,我认为这将类似于巴迪欧的应用于——自然的和历史的——情境的组织规则的断言,也应用于不一致的杂多自身:因此集合理论,不仅是存在论的,而且也已经是前存在论的理论。但是,我认为这不是巴迪欧的观点。

① Alain Badiou with Peter Hallward,"Politics and Philosophy:An Interview with Alain Badiou",*Angelaki*,No. 3 (1998),p. 128.

② Slavoj Žižek,*Less than Nothing*,London:Verso,2012,p. 912.

从这一视角看,齐泽克似乎确实是一个思辨的黑格尔主义者,他批判巴迪欧做出关于本体领域的断言的康德式不情愿。在杂多从它之中被组织或在它之后被组织之前,齐泽克把辩证结构嵌入在实在界/空洞自身中。在《绝对反冲》中,他写道:

> 对辩证唯物主义而言,人们必须思考先于多元性的二——并且关键的问题是:我们如何去思考相关于空洞的二?仅仅是一尚未在那里,在原初的空洞中吗?还是这种一的短缺本身是一种实证性事实?巴迪欧选择了第一个选项,拉康选择了第二个选项:从拉康的观点看,存在着多元性,因为一是被"划杠的"、被分裂的,是自身挫败的,不能是(成为)一。①

在这里齐泽克所意指的是,对巴迪欧而言,只有当存在着对纯粹杂多的点数的时候,才存在着有组织的杂多。对巴迪欧而言,存在着多元性的具体领域,因为存在着对纯粹杂多的组织——两种主要类型的无限多的不同的一(自然和历史的)。但是齐泽克认为辩证唯物主义的拉康式的变体可以断言杂多的出现是因为实在界/空洞自身被分裂的性质。换言之,违反了巴迪欧的存在论会允许的东西——这里是某种在不一致的杂多自身中以及关于它的点数:它是二。并且这里我们看到了拉康的断言"不存在性关系"如何在齐泽克的辩证唯物主义的展开中起了核心性的作用。使这一点成为辩证唯物主义的关键理念是它拒斥任何在事物的基础上的一,相反地它设置了一个二。

但是,事实上这对辩证唯物主义的构成就足够了吗?在"先验唯物主义和自然的实在界"中,我采取了离开先验唯物主义的步骤并表达了对那种观点,特别是对它如何对待自然的观点会具有还原论的后果的关心。尽管他不再认为他的观点是先验唯物主义的,但是在《绝对反冲》中,齐泽克仍然认为他对量子物理学所做的并不包含还原论,因为量子物理学的教义:

> 不是存在着一个独立于我们经验的自然的"真实的实在界",它把我们的经验还原为单纯的表象,而是在实在界及其显现之间的裂隙本身已经外在于那里,"在自然中"。或者,换一种说法,量子物理学的教义是"自然自身"已经是"非还原论的":"在自然中",表象很重要,它对现实是构成性的。②

最后一句话是一个完全值得捍卫的观点。齐泽克在此所说的是,对他的观点而言,还原论不是一个问题。人类和文化的历史的东西不是被还原为潜在的自然原因或事件

---

① Slavoj Žižek, *Absolute Recoil: Towards a New Foundation of Dialectical Materialism*, London: Verso, 2014, p. 265.

② Slavoj Žižek, *Absolute Recoil: Towards a New Foundation of Dialectical Materialism*, London: Verso, 2014, p. 225, emphasis in original.

的单纯的副现象,因为量子物理学向我们说明了,实际上没有任何事物可以被还原为事物。我们可以说,自然自身已经是非还原论的,因为当被当作等同于前存在论的领域时,它是空洞的、虚拟的,并且在一个重要意义上并不存在。不存在着这种自然的实在的存在论。但是在这里所发生的是,这种量子物理学所研究的前存在论的领域,现在似乎等同于自然和拉康的实在界,而这就是我认为是自然化的错误的东西。

齐泽克在那个段落中告诉了我们量子物理学的教义,"不是存在着一个独立于我们经验的自然的'真实的实在界'"。但是我并不认为齐泽克在说明不存在着独立于我们的经验的自然的实在界。当然,"独立于我们的经验"这个短语本身包含了某种模糊性。如果齐泽克想要避免量子物理学的唯心主义的(神秘化的)使用,如同他热衷的那样,他就不能说观察构成了现实。而他没有这样说。因此,自然情境必须允许对文化和历史情境的独立性的度,即使不是一种绝对的独立性:因为在两者中可以获得某种相同的基本结构和特征。这是齐泽克在前面的段落中所指出的,并且这就是他说自然的实在不是(完全)独立于人类现实的原因。

在这里齐泽克的立场是非常微妙且容易遭到误解的。再一次地,他确实说到过"知识改变现实的理念是量子物理学与精神分析(对它而言阐释在实在界中具有效果)和历史唯物主义所共享的东西"①,并且这种观点似乎对任何辩证唯物主义也是必要的:只是当它涉及量子物理学时,齐泽克自己有时也从这种理念中退回了。当讨论伯克利的著名的五行打油诗《四方院中的上帝》时,齐泽克第一次注意到了其"与量子物理学的形式的相似性,在其中为了引起波函数的坍缩即现实的出现,某种知觉(或登记)是需要的"。五行打油诗论证了存在就是被知觉,但是事物不是为了存在而依赖于我们对它的观察:上帝正在持续不断地知觉他们。齐泽克接下来的话非常重要:

> 然而,这种相似性遮蔽了根本的差异:登记了波函数之坍缩的代理绝不是在"创造"被观察的现实,它登记的是仍然完全偶然的一个结果。进一步说,量子物理学的整个观点是在登记之前许多事物在进行:在这种影子空间中,自然的"正常"法则被持续地悬置了。②

知觉和观察并不创造现实:对我而言这听起来像某种自然的实在界的"影子空间",这种自然的实在界在很大程度上毕竟独立于人类现实。而这应该是辩证唯物主义无论如何想要为之论证的!

---

① Ibid., p. 222.
② Slavoj Žižek, *Absolute Recoil: Towards a New Foundation of Dialectical Materialism*, London: Verso, 2014, pp. 221-222.

那么辩证法又如何呢？在巴迪欧的哲学中，在历史情境中得到的辩证唯物主义是清晰和显而易见的。思想和对象是在同一平面的，可以说，是为构成真理的同一"实体"的部分。在齐泽克的哲学中，当涉及精神分析和其他的历史（文化）情境时，存在着关于在思维和存在之间关系的同样的强命题。但是，当涉及非历史的情境时，实际上存在着关于思维和存在关系的较弱命题，一种偶尔会表现为较强命题的命题，并且因为它是被拉康关于非关系的洞见所激发的，一种必须同时断言两者（思维和存在），事实上是处于非关系中的命题。

我认为这是潜在的还原论的问题，并且正是在这里我认为应该在自然和历史情境中做出区分，不允许任何一个还原为另一个，这是对在拉康的唯物主义和辩证唯物主义之间的明显的不相容性的优雅的解决方式。自然并不存在的命题虑及了存在着无限多的自然世界或情境的断言。因此量子物理学可以被视作对自然世界的支配性的"逻辑"或"先验的"，没有自然是"一一全"这样的意义。并且，自然情境并不是存在的唯一一情境。因此，把集合理论命名为存在论的一个令人吃惊的含义是它剥去了自然科学任何存在论的特权或优先性。这就是我早些时候指称为巴迪欧的反自然主义的东西。然而，这也并不要求人们对关于自然科学所做的东西采取反现实主义的立场。

齐泽克也剥夺了量子物理学的无论何种的存在论含义，但是在一定意义上这是欺骗性的，因为确实它似乎正在做的是人们总是认为存在论应该做的事情，因为它深入研究了存在的条件本身。最终，在齐泽克的哲学中，关于海德格尔的存在论差异发生了什么？难道我们不是只能说被齐泽克称为前存在论的实际上是存在论的，并且他称之为存在论的是存在者的吗？并且因此，情况难道不是量子物理学最终成为某种类似于实在界的存在论的东西吗？无论如何，如果量子物理学是前存在论的科学，而不是存在者的科学，那么它的地位就完全不同于我认为的它在巴迪欧哲学中的地位。对巴迪欧而言，它将是研究在纯粹的杂多"之后"到来的是什么。对齐泽克而言，事实上它是对纯粹杂多自身的状况的研究。再一次地，如果事情是这样，那么量子物理学似乎实际上具有齐泽克只是称为前存在论的存在论的含义。

当涉及量子物理学时，很难不采取一种自然化的步骤。但是任何唯物主义也必须是自然主义的吗？我认为这种等同将是错误的：不是因为它犯了一元论的错误（如果自然，无论是或者不是前存在论的，被用某种不是无所不包的、封闭的总体性来思考，那么它就不需要这样做），而是因为这种等同破坏了辩证唯物主义的立场和地位，在那里它确实是相关的——在自然/文化的情境中。因为在它们中获得的这种辩证关系不能在自然中获得，并且如果自然是存在的基础，那么辩证关系就可以被解释为副现象。

正如量子物理学告诉我们的实在界的冲突性和裂隙性，问题仍然是：在量子物理学的理论和其"对象"之间的辩证关系在哪里呢？这是一个与观察者如何以及是否影响被观察者的问题不同的问题。它是一个黑格尔式的问题。在任何自然科学的理论和其对象之间的关系是辩证的吗？自然科学理论是否改变过其对象？（基因改变并不算是，它们不是被理论造成的对象的直接改变，它们是被理论所引导的实践之结果，而理论当然并不改变自然对象。但是这是完全不同的问题，并且并不够产生一种辩证关系。事实上，像这样的东西是与在科学理论和其对象之间的关系的渐近模式一致的。）

自然科学的这种特征为辩证唯物主义展示了一个界限，一种使其地位或许影子般的并且依赖性的界限，除非人们采取了我认为巴迪欧所采取的步骤：完全地去自然化作为存在的存在或实在界。巴迪欧的哲学避免了给予自然任何类似于绝对的地位，并且因此对任何未来的辩证唯物主义，非斯宾诺莎主义都是充足和重要的。这意味着它不是一种一元论而是现实主义的多元主义，因此它能够赞成在历史情境中的充满活力的辩证唯物主义，而无须对自然情境中的辩证唯物主义的非存在提出任何问题。

在我看来，似乎任何对斯宾诺莎的接近都排除了哲学作为一种真正的辩证唯物主义的条件，很大程度上是因为黑格尔的关于斯宾诺莎的旧观点是正确的：就实体而言，模式和属性最终是无关紧要的副现象。在何种意义上，自然主义可以不是一元论的？在我看来，似乎齐泽克尽可能地在那个方向上前进了，这使得他当下的谋划如此有趣和重要。然而，我认为，更好的做法是，通过相当不同的对量子物理学的定位，完全丢弃任何犹豫彷徨的自然主义。

（本文译自 Ed Pluth，"Natural Worlds，Historical Worlds and Dialectical Materialism"，in Agon Hamza & Frank Ruda eds.，*Slavoj Žižek and Dialectical Materialism*，London：Palgrave Macmillan，2016，pp. 101-112。）

伦理学前沿问题研究

● 神经伦理学

神经伦理学

[加]沃尔特·格兰农*

黄家裕　申佳佳**译

一、绪　言

当代医学中一些最具创新性和令人兴奋的成绩是在精神病学、神经学和神经外科的临床神经科学中取得的。在过去的 25 年里,基础神经科学和临床神经科学的进步,再加上放射学的发展,为研究人类大脑和思维(brain and mind)之间的关系提供了新的视角,也为更好地理解正常和异常大脑活动之间的差异,以及对脑部疾病的病因的研究做出了贡献。这些进展的重要性体现在,全球大约有 4 亿人受到精神和神经疾病的影响。2004 年 6 月,美国医学协会杂志发表了世界上最大的精神健康调查的结果。在大多数接受调查的国家中,有 1‰～5‰的人患有严重的精神疾病,其中许多人未经治疗或未得到治疗。①

计算机断层成像(CT)、正电子发射断层扫描(PET)、单光子发射计算机断层扫描(SPECT)、磁共振成像(MRI)和功能性磁共振成像(FMRI)可以揭示正常心理活动及各种精神病理学的神经生物学基础。脑部扫描可以在其典型症状出现之前提早发现神经和精神疾病的早期征象。精神外科手术可以减轻甚至消除强迫症、严重抑郁和其他治疗手段无能为力的症状。脑电磁刺激可以以一种非侵入性的方式减轻这些症状。植入大脑深处的刺激电极可以使患有运动障碍的人(如帕金森病人)重新恢复对身体的某种控制。抗抑郁药和抗精神病药物可以恢复或再生因抑郁和精神分裂症而被破坏甚至被中

＊　沃尔特·格兰农,哲学博士,卡尔加里大学(University of Calgary)教授。其主要研究领域为:心智哲学、神经伦理学、生物伦理学。

＊＊　黄家裕,哲学博士,浙江师范大学马克思主义学院副教授;申佳佳,浙江师范大学马克思主义学院研究生。

①　World Mental Health Survey Consortium，"Prevalence Severity，and Unmet Need for Treatment of Mental Disorders in the World Health Organization World Mental Health Surveys"，*J Am Med Assoc*，2004，pp. 2581-2590.

断的神经元和神经元连接。我们甚至可以使用精神药物来强化正常的认知和情感。

但是,这种映射、干预和改变头脑神经关联的能力引发了重要的伦理问题。事实上,这些问题可以说比任何其他生物伦理学领域的问题都更重要。这是因为以大脑为目标的医疗技术可以揭示和改变思想的来源,影响个人身份、意志和我们自己的其他方面。思想(mind)由相互关联的认知能力、情感能力和沟通能力组成,这些能力包括由大脑产生和维持的信念、欲望、情感和意志。心灵哲学的这些核心特征与"利和害"的伦理概念重叠,因为行动对一个人是有益的还是有害的取决于它是否和如何影响一个人的心灵。我们作为人,我们的代理经验(our experience of agency),以及我们作为意识存在的第一人称现象学经验,都存在于我们精神状态的统一和完整之中。映射或干预大脑可以揭示和影响我们大脑的本质和内容,以及我们对自己本质上是谁的理解。

我将探讨一些在临床神经科学的五大领域:诊断用神经成像、预测性神经成像、心理外科、神经刺激、认知和情感增强方面出现的伦理学问题。还有神经科学的其他领域也提出了更多的伦理问题。① 但我将讨论的范围限制在了这个迅速发展的领域中正在或者将要成为最突出和最具争议性的问题上。

二、诊断性神经影像学

医学上计算机断层成像、正电子发射断层扫描、单光子发射计算机断层扫描、磁共振成像和功能性磁共振成像的主要目的一直是并将继续是根据行为症状和建立的临床标准来为诊断提供依据。随着这一技术形成了更复杂和更高分辨率的版本,药物和外科干预将更精确地锁定大脑的受损区域,从而使神经系统和精神疾病能够得到更有效的治疗。例如,更精细的前额叶皮质糖代谢图像可能有助于精神科医生使用那些能在大脑更直接影响 5-羟色胺能受体和去甲肾上腺素能受体的抗抑郁药物。这可以立即减轻抑郁症状,减少副作用。神经影像学对此及相关目的疾病的潜在治疗价值是显而易见的。然而,诊断性脑成像的其他潜在用途在道德上更有争议。

---

① R. Blank, *Brain Policy*: *How the New Neuroscience Will Change Our Lives and Our Politics*, Washington, D. C.:Georgetown University Press, 1999; S. Marcus, *Neuroethics*: *Mapping the Field*. New York: Dana Press, 2002; M. Farah & P. R. Wolpe. "Monitoring and Manipulating Brain Function: New Neuroscience Technologies and their Ethical Implications", *Hastings Cent Rep* , No. 34(2004), pp. 35-45; Steven Rose, *The Future of the Brain*: *The Promise and Perils of Tomorrow's Neuroscience*, Oxford: Oxford University Press, 2005; J. Illes, *Neuroethics*: *Defining the Issues in Theory*, *Practice and Policy*, Oxford: Oxford University Press, 2005.

假设一个人因一时愤怒杀死了另一个人，并被控二级谋杀罪。罪犯声称他的行为是他无法控制的暴力冲动造成的。他接受了磁共振成像和正电子发射断层扫描，这些扫描显示了他大脑前额叶皮层存在结构损伤和功能异常。这一大脑区域是决策和行动执行功能的管理中心，对于制订合理的计划和控制冲动至关重要。罪犯和他的辩护律师辩称，脑部损伤破坏了他的道德推理能力和行为控制能力。一个人要对自己的行为承担道义和法律责任，他就必须有能力控制这种行为。由于罪犯缺乏这种能力，他就不可能对杀害受害者负责，因此应予以免责。这一辩护在法庭上能令人信服吗？要回答这个问题，我们需要看一下脑科学的实证研究，以及这些研究表明了行为神经生物学基础的什么内容。

神经学家安东尼奥·达马西奥和他的同事进行的研究表明，大脑眶额皮质的病变与冲动和反社会行为有关。[①] 尽管智力未受损害，但这一区域受损的人在行动时似乎无法遵守社会和道德规范。遭受这种损害的成人和儿童出现了类似精神病的综合征。同样，心理学家阿德里安·雷恩和理查德·戴维森的脑成像研究也表明，一些具有暴力倾向的人大脑前额叶区域的活动会减少。[②] 同时，这些人增加了杏仁核的活动，杏仁核是调节情绪的边缘系统中最重要的区域。具体来说，过度活跃的杏仁核经常与恐惧和愤怒等负面情绪增强相关。正电子发射断层扫描和功能性磁共振成像可以测量脑细胞摄取葡萄糖的速率。葡萄糖代谢减弱是前额叶皮质等区域功能减弱的标志，而葡萄糖代谢增强是边缘结构（如杏仁核）过度活跃的标志。达马西奥、雷恩和戴维森的研究表明，大脑的结构和功能异常，会破坏一个人控制这些状态和行为的能力。

前额叶皮质、杏仁核和其他相互作用的大脑区域构成了一个控制着相互作用的认知和情感系统的复杂神经回路。通过产生和维持这些系统，大脑产生并维持着思维。这种思维模式是一元论的，而不是二元论的，因为它认为大脑和思维是人类有机体中相互依存的方面。前额叶皮质的认知信息处理调节着边缘系统的情绪加工。边缘系统中的情绪加工调节着前额叶皮质的计划、决策和其他认知和执行功能。这些脑区中的每一个区

① A. Damasio, et al., "Impairment of Social and Moral Behavior Related to Early Damage in Human Prefrontal Cortex", *Nat Neurosci*, No. 2(1999), pp. 1032-1037; A. Damasio, "A Neural Basis for Sociopathy", *Arch Gen Psychiatry*, No. 57(2000), p. 128; A. Damasio, "The Neural Basis of Social Behavior: Ethical Implications", in Marcus, ed., ibid, pp. 14-19; P. S. Churchland, "Neuroscience: Reflections on the Neural Basis of Morality", in Marcus, ibid. pp. 20-26.

② A. Raine, et al., "Reduced Prefrontal Gray Matter Volume and Reduced Autonomic Activity in Antisocial Personality Disorder", *Arch Gen Psychiatry*, No. 58(2000), pp. 119-127; R. Davidson, et al., "Dysfunction in the Neural Circuitry of Emotion Regulation: A Possible Prelude to Violence", *Science*, No. 289 (2000), pp. 591-594; K. A. Kiel, et al., "Limbic Abnormalities in Affective Processing by Criminal Psychopaths as Revealed by Functional Magnetic Resonance Imaging", *Biol Psychiatry*, No. 50(2001), pp. 677-684.

域都在一个反馈回路中调节着另一个区域。这些两两依存的系统的正常运作确保了认知和情感之间的健康平衡。大脑中任何一个区域的损伤都会破坏这种平衡,并导致一个人失去对他的动机状态和行为的控制。考虑到他的前额叶皮质受损,在我假设的情况中,这个人可能无法控制自己的情绪和冲动,也无法对自己的行为负责。但在许多情况下,大脑功能障碍本身并不能解释暴力行为,或证明一个人不能控制自己的行为和对这些行为负责。

在尼科马切伦理学中,亚里士多德捍卫了这样一个默认的假设,即一个人行为自由,并应对他的行为负有道德责任,禁止强迫、胁迫或对行动情况无知。① 前两个条件是形而上学的,或与自由相关的,而第三个条件是认识论的,或与知识相关的。当存在这些条件中的任何一个时,就可以免除一个人对其行为的责任。与大脑结构或功能异常相关的冲动性暴力行为似乎符合亚里士多德的辩解条件。然而,自由意志往往不是一种无所作为的能力。相反,它是一种在控制范围内以程度表现出来的能力。② 在这一范围的一端,人们可以完全控制自己的行为,对自己所做的事情完全负责。在另一端,人们无法控制他们的行为,应该完全免除他们所做的事情的责任。许多涉及暴力犯罪行为的案件都处于两个极端之间的灰色地带。正如对行为的控制有程度的不同一样,对行为所负的责任也有大小的区别。

道德和法律责任是有区别的。例如,严格赔偿责任在道德领域没有同等意义。然而,一般来说,责任的道德和法律概念都是以某种精神能力为前提的。"刑法范本"对精神错乱无罪的辩护中具有认知和意志的成分。根据第一点,如果一个人患有的精神疾病使他不知道自己在做什么,那么他就是无罪。根据第二点,如果一个人患有精神疾病,使他失去了控制冲动的能力,那么他也是无罪的。③ 这些法律条件同样适用于对道德责任的评判。

一个人对自己的运动状态和行为的控制程度明显受到大脑的影响。但是,这也会受

---

① Aristotle, *The Complete Works of Aristotle*, trans. by J. Barnes, New Jersey: Princeton, Princeton University Press, 1984.

② Churchland, "Reflections on the Neural Basis of Morality", *Brain-Wise: Studies in Neurophilosophy*, Cambridge, MA.: MIT Press, 2002; John Martin Fischer, *The Metaphysics of Free Will: An Essay on Control*, Cambridge, MA.: Blackwell, 1994; J. D. Greene, et al., "The Neural Basis of Cognitive Conflict and Control in Moral Judgment", *Neuron*, No. 44 (2004), pp. 389-400; W. Glannon, "Neurobiology, Neuroimaging, and Free Will", *Midwest Studies in Philosophy*, No. 29(2005), pp. 68-82.

③ Stephen Morse, "New Neuroscience, Old Problems", Brent Garland, ed., in *Neuroscience and the Law: Brain, Mind, and the Scales of Justice*, New York: Dana Press, 2004, pp. 157-198; Michael Gazzaniga and Megan Steven, "Free Will in the Twenty-First Century: A Discussion of Neuroscience and the Law", in Garland, ibid, pp. 51-70.

到社会和自然环境等因素的影响。此外,有些人可能会比其他人花更多的精力来控制自己的行为。一个人表现出意志的软弱并不意味着他缺乏自由意志。除了大脑中直接调节道德推理和选择能力的区域受到严重损害的情况外,一个人对自己的行为有多大的控制能力,以及他应对此负有多大的责任,不能单靠测量大脑功能或功能障碍来评判。

大多数脑损伤的人是不暴力的。因此,声称大脑中的结构和功能异常总是导致暴力行为的观点是不合情理的。大脑功能障碍也不是一个可以让人们对自己所做的事情免责的充分理由。也许这一点最好的例证是精神病。这是一种以冷酷无情、移情和悔恨的能力,不良行为的控制能力减弱为特点的疾病。[1] 道德推理能力受损可能是因为情绪处理上的缺陷,或者恐惧刺激的唤醒。缺乏悔恨和同理心可能能够解释精神病患者为什么在行动时没有考虑他人的利益。缺乏体验恐惧的能力可以解释他们为什么会冲动行事。在类似于达马西奥的成像研究中,布莱尔已经证明,有精神病倾向的儿童在眶额皮质和杏仁核上存在着结构和功能异常。[2] 有趣的是,与暴力的人不同,精神病人往往有一个低度活跃而不是高度活跃的杏仁核。然而,精神病患者并不是完全没有控制自身冲动的能力。而且,尽管他们的行为没有考虑他人的需要和利益,但是他们对伤害某人意味着什么以及其他人可能被他们的行为所伤有一定的了解。基于此,精神病患者似乎对自己的行为有一定的控制能力,并至少应对此负有部分责任。[3] 在这些情况和其他情况下,仅凭大脑图像并不能使我们明确区分责任和借口。

大脑成像的另一个困难是眶额皮质以外的区域可能在认知加工中起着作用。仅仅关注这个区域可能是解释大脑和行为之间联系的一种过于简化的方法。这一区域的异常并不一定意味着认知和情感加工之间的平衡已经被完全破坏,顶叶皮质可能也在维持这种平衡中发挥了作用。推理和执行功能可能分布在皮层的多个区域。[4] 除了调节运动功能外,甚至皮质下小脑在认知方面也扮演着重要的角色。从更深的意义上说,对大

① R. D. Hare, *Without Empathy: The Strange World of the Psychopaths Among US*, New York: Pocket Books, 1994; Hervey Cleckley, *The Mask of Sanity*, St. Louis: Mosby, 1967.

② R. J. R. Blair & L. Cipolotti, "Impaired Social Response Reversal: A Case of 'Acquired Sociopathy'", *Brain*, No. 123(2000), pp. 1122-1141; R. J. R. Blair. "Neurological Basis of Psychopathy", *British Journal of Psychiatry*, No. 182(2003), pp. 5-7; N. Camille, et al., "The Involvement of the Orbitofrontal Cortex in the Experience of Regret", *Science*, No. 304(2004), pp.1167-1170.

③ C. Elliott. "Diagnosing Blame: Responsibility and the Psychopath", *J Med Philos*, No. 17(1992), pp. 199-214.

④ M. L. Platt & P. W. Glimcher, "Neural Correlates of Decision Variables in Parietal Cortex", *Nature*, No. 400(1999),pp. 233-238; M. L. Platt, "Neural Cor-relates of Decisions", *Curr Opin Neurobiol*, No. 13 (2003), pp. 141-148; J LeDoux, "Defends the Distributive View of Cognitive, Emotional, and Executive Functions", in J. LeDoux, ed., *The Synaptic Self: How Our Brains Become Who We Are*, New York: Viking, 2002, p. 187 ff.

脑前额叶皮质或其他区域的扫描无法告诉我们,我们的行为是如何发生的。它们无法解释行动是如何从意图和决定中产生的,也不能解释自由意志的现象学,以及为什么我们能对自己的行为感到控制(或失控)。这是因为前额叶皮质的结构和功能与我们的动机状态和行为之间的关系是相互关联的,而不是因果关系。

一个类似的问题困扰着坚持用脑部扫描来测试那些控制陈述式记忆或显性记忆的大脑系统是否受损的人,包括有意识地回忆具体的事实和事件的能力。对他人造成伤害的过失行为或不作为,可能与涉及海马和调节记忆恢复的新皮层的网络损伤或功能障碍有关。①一个孩子在过热的汽车里死于体温过高,但是,脑部扫描并不能决定性地告诉我们,其母亲是不是因为大脑功能障碍而忘记把孩子留在了车里,还是她能记起,但却没能充分发挥自己的能力去把孩子抱出来。② 大脑中的几个区域调节着记忆的形成、储存和恢复。一个区域的功能障碍并不一定意味着其他区域也存在功能失调。大脑中有冗余,有些系统可以弥补其他已损害的系统去执行相同的任务。

质疑使用神经成像来做出伦理或法律判断的主要原因是,它涉及从关于大脑的经验主义论断转变为关于人们应该如何行为的规范性论断。自由意志和责任并不是经验性的,而是规范性的概念,反映了关于人们可以或应该如何行动的社会习俗和期望。虽然我们对自由意志和责任的理解在一定程度上是通过脑科学来获得的,但规范性的主张不能减少为经验性的主张。这就是为什么关于控制和责任的问题不能单靠大脑成像来回答。使这一问题复杂化的是,以大脑为基础的心理特质测量具有虚幻的准确性和客观性。显示异常脑功能的功能性磁共振成像不一定是诊断性的,因为它可以通过模拟扫描仪实际功能的任务来调节。在利用脑损伤患者进行功能成像实验的设计中也可能存在偏见,这将影响实验数据的分析。如果偏见可以消除,大脑扫描能够完善,那么我们就可以更准确地了解大脑和思维之间的联系。这将最大限度地减少滥用大脑信息的风险。然而,正如美国认知神经学家玛莎·法拉赫指出的那样,"无论如何,就目前而言,情况并非如此,陪审团、法官、假释委员会、移民局等在决策过程中可能会过多地权衡这些因素"③。即使是功能性的神经成像是完美的,它也不一定能转化为对规范性问题的简单回答,比如何时以及在多大程度上人们是有责任感的。这些都会受到社会规范的影响。

更复杂的高分辨率脑部扫描可以让研究人员识别大脑的特征,这些特征在道德推理和行动意图的判定中起着重要作用。此外,它们还可使研究人员区分真假记忆,从而推

① D. Schacter, *Searching for Memory: The Brain, the Mind, and the Past*, New York: Basic Books, 1996.

② http://www.bioethics.gov/transcripts/oct02/session3/html.

③ M. Farah, "Emerging Ethical Issues in Neuroscience", *Nat Neurosc*, No. 5(2002), p.1127.

进测谎科学的进步。① 理想情况下,脑部扫描技术与既定临床标准的结合,一方面,将有助于更清楚地区分完全责任,另一方面,将有助于区别哪些是借口或开脱的理由。功能性神经成像信息确实是一个有用的工具。但它应作为补充而不是取代刑事司法系统中现有的责任和义务标准。由于这仍然是一门不精确的科学,诊断性脑成像将在一段时间后才能在刑法中被用作证据,就像现在使用 DNA 证据一样。

面临更大道德争议的是我们是否应该干预这些脑结构和功能图像显示异常的人的神经回路或生化组织,尽管这些异常与暴力行为密切相关。即使这种干预是出于好意,但是对大脑的外科操作作为一种强制的行为控制形式,在道德上也是大多数人所不愿意接受的。我们是否能以同样的方式来进行药物干预,以恢复前额叶皮质的正常认知加工和杏仁核的正常情绪处理呢?这不会像精神外科手术那样令人反感,因为它不会导致大脑的永久改变。药物治疗也不会有这样的侵入性。增加选择性血清素再摄取抑制剂(SSRIs)的剂量能提高前额叶皮质的血清素水平,进而通过调节杏仁核的过度活动减少攻击性。如果强制性的药物干预能够调节暴力冲动从而防止暴力行为发生该怎么办?虽然这不会像精神外科那样令人反感,但是否仍有理由反对为此目的使用药理学药物呢?

这些问题在前额叶皮质严重异常且缺乏道德敏感性的儿童身上尤其具有争议。精神病和暴力的黯淡未来可能会被写入他们的神经元。除非患有无法修复的结构或功能脑损伤,否则在婴幼儿时期通过药物干预去纠正或改善脑功能障碍,将能终生防止犯罪行为。这些儿童的性格将被改变,且他们无法对这种干预做出知情同意。但是,如果他们的病态人格有着对自己和其他人造成很高伤害的风险,那么这种干预在道德上还会令人反感吗?即使有人肯定地回答了这个问题,人格改变的前景也必须与干预伤害的预防相权衡。哲学家帕特里夏·丘奇兰对这一问题的看法很有启发性:

> 无疑,某些形式的直接干预在道德上是令人反感的。大部分都是如此。但是是所有的形式?甚至药物干预也一样吗?(So much is easy. But all kinds? Even pharmacological?)是否有可能某些形式的神经系统干预可能比终身监禁或死亡更人道?我不想提出具体的指导方针去容许或不容许任何形式的直接干预。尽管如此,鉴于我们现在对情感在理性中作用的理解,也许是时候冷静和彻底地重新考虑

---

① D. Langleben, et al., "Brain Activity During Simulated Deception: An Event-Related Functional Magnetic Resonance Study", *Neuroimage*, No. 15(2002), pp. 727-732; L. Tancredi, "Explores These and Other Possible Legal Applications of Brain Imaging", *Neuroscience Developments and the Law*, New York: Garland, pp. 71-113; H. Greely, "Prediction, Litigation, Privacy, and Property: Some Possible Legal and Social Implications of Advances", *Neuroscience*, pp. 114-156.

一下这样的指导方针了。①

三、预测性神经成像

诊断性和预测性脑部扫描涉及完全不同的病人群体。最近发布的研究中，被认为是患精神分裂症高危人群的青少年的脑部扫描显示在他们大脑的某些区域存在着结构和功能异常。② 一旦他们出现精神病症状并被诊断为精神分裂症，这种异常就变得更加明显。这些受试者在额叶和颞叶以及扣带回中的灰质较少。这些脑区的灰质减少与精神分裂症的认知加工中断有关。此项研究中最重要的一点是，在受试者出现完全的症状之前，这些图像能够预测这种精神障碍。这表明使用结构性磁共振成像扫描来预测晚发神经和精神疾病是可能的。精神分裂症是这些疾病中最令人头疼的病症之一。一旦出现认知障碍的症状，显示关键神经标记物的脑部图像可以使医生能够使用并能更好地控制疾病发展的抗精神病药物。早期药物干预还可以预防或延缓精神病的发作。这种精神分裂症和其他精神疾病越早得到治疗，它们的预后就越好。这一点特别重要，因为青少年的神经回路变化非常迅速。

成像技术也可以显示出海马中的葡萄糖代谢。如前所述，这是调节记忆的大脑区域之一。成像技术可以发展到可以揭示这个区域和其他脑区胆碱能神经元丢失的程度。脑部扫描还可以显示淀粉样斑块和神经原纤维缠结的第一迹象。所有这些都是阿尔茨海默病的特征，而阿尔茨海默病是迄今为止最常见的痴呆症。值得注意的是，脑部扫描可能会在记忆丧失和其他症状出现前几年就能发现这种疾病的迹象。因此，神经影像学可以使神经学家能够预测谁会患阿尔茨海默病。随着时间的推移，周期性的脑部扫描可以揭示阿尔茨海默病患者大脑的细微变化。扫描可以使神经学家评估和监测胆碱酯酶抑制剂的作用，如作用在海马区的多奈哌齐隆胆碱能神经元抑制剂。这种药物可以通过

---

① Churchland，op. cit. note 7，pp. 235-236.

② P. M. Thompson，et al.，"Mapping Adolescent Brain Change Reveals Dynamic Wave of Accelerated Gray Matter Loss in Very Early-Onset Schizophrenia"，*Proc Natl Acad Sci USA*，No. 98(2001)，pp. 11650-11655；C. Pantelis, et al.，"Neuroanatomical Abnormalities Before and After Onset of Psychoses: A Cross-Sectional and Longitudinal MRI Comparison"，*Lancet*，No. 361(2003)，pp. 281-288；A. L. Spong, et al.，"Progressive Brain Volume Loss During Adolescence in Childhood-Onset Schizophrenia"，*Am J Psychiatry*，No. 160(2003)，pp. 2181-2189.

减缓大脑这一区域萎缩的进程来减缓阿尔茨海默症早期的记忆丧失症状。① 脑部扫描还可以测试非甾体类抗炎药物的疗效，这反映了一些阻止与阿尔茨海默病相关的神经退行性进程的可能。②

脑成像和药物治疗的结合对携带 β 淀粉样前体蛋白基因 ApoE 4 等位基因突变的人特别有利。这些人在 40 岁左右患阿尔茨海默病的风险很高。知道这种早发性疾病有很强的基因成分，就为使用脑成像来检测和监测其早期症状提供了一个理由。少量的胆碱能神经元可以预测阿尔茨海默病，并需要早期的药物干预，这可能会延缓疾病的进展。同样，脑部扫描也可以用于表现出轻微认知障碍的、有着巨大遗传风险患精神分裂症的青少年。如果扫描显示额叶、颞叶和扣带回异常，则可预测他们患有精神分裂症，并为早期药物干预提供依据。我们目前尚不清楚哪些脑结构或功能异常能够在症状出现之前准确预测疾病。虽然早期脑异常和后期认知异常之间可能存在关联，但这并不等于两者之间就存在因果关系。例如，大脑中灰质较少本身并不意味着一个人会变得精神错乱。如果强行将其联系在一起，可能会对那些被怀疑患有精神分裂症的人产生伦理上的影响。长期使用抗精神病药物会导致迟发性运动障碍，这是一种与多巴胺阻滞剂有关的运动障碍。20 世纪 90 年代推出的新一代此类药物减少了一些副作用。但是，就像任何精神药物一样，这些药物也可能有其他长期的严重的副作用。根据预测而不是确定的诊断理由，使用这些药物可能意味人们可能会因为一种根本不会发生的疾病而由于药物治疗患上了医源性疾病。我们必须为那些有可能患精神分裂症的高危人群权衡使用这些药物与不使用这些药物的风险。

就阿尔茨海默病而言，在没有治疗方法的情况下，是否应该为未来的神经疾病提供预测性的神经成像？讨论的关键应该是这种成像是否能给那些接受这种检查的人带来好处。目前，并没有明显的好处。但如果预测性神经成像致使胆碱酯酶抑制剂的治疗延缓了阿尔茨海默病的发生，那么它将是有益的。告知一个人，他的脑部扫描显示出，他有患绝症的早期迹象，这可能会造成他对未来的焦虑，从而伤害到他。这在许多方面类似于亨廷顿病性痴呆的预测性鼓室前基因检测。然而，早知道自己随后会患上老年痴呆症，也可以使人更谨慎地规划自己的未来。此外，乙酰胆碱增强药物可能减缓与这种疾病相关的记忆丧失和认知下降的速度。这是一个被预测为亨廷顿病性痴呆的人所能期

① B. Seltzer, et al. , "Efficacy of Donepezil in Early-Stage Alzheimer Disease", *Arch Neurol* , No. 61 (2004), pp. 1852-1856; M. Hashimoto, et al. , "Does Donepezil Treatment Slow the Progression of Hippocampal Atrophy in Patients with Alzheimer's Disease?", *Am J Psychiatry* , No. 162(2005), pp. 676-682.

② C. Martyn. , "Anti-Inflammatory Drugs and Alzheimer's Disease: Evidence Implying a Protective Effect Is As Yet Tentative", *Br Med J* , No. 327(2003), pp. 353-354.

望的,因为目前还没有任何药物可以延缓其症状的发展。然而,不管怎样,预测性神经成像信息所带来的情绪影响可能是毁灭性的。

预测性神经成像仍处于实验阶段。其应用尚未得到证实。但临床试验已经设计完成,受试者被分为实验组和对照组。第一组包括那些被认为有很大风险患上我一直在讨论的疾病之一的人。前面提到的研究中有精神分裂症早期症状的青少年处于该研究的实验组。风险源于家族史或已知遗传原因的存在。假设这些实验中的一些对照组的人目前是健康的,但其脑部扫描显示他们的前额叶皮质的灰质比正常的少。正如我们所看到的,大脑的这一特征可能是患精神病的一个风险因素。研究者应该如何处理这些偶然的发现呢?他应该告诉受试者,或者同意让孩子参加试验的父母,大脑扫描显示其或其孩子有患精神病的倾向吗?鉴于较少的灰质可能导致精神疾病,研究人员应该披露这一信息吗?或者,考虑到研究结果所能预测的不确定性,以及在受试者或其父母中引起焦虑的可能性,研究者应该告诉他们吗?如果患精神病的风险是不确定的,那么告诉人们脑部扫描的结果会不会带来的是更大的伤害而不是好处呢?

最重要的是,研究人员要让研究对象了解预测性神经影像学临床试验的目的以及脑部扫描可能揭示的结果和这些发现对晚发性神经与精神疾病的预测的不确定性。研究人员应该在实验开始前做到这一点。只有这样,受试者才能对参加这样的实验给予有效的知情同意。这既适用于被分配到实验组的人,也适用于被分配到对照组的人。即使在最好的情况下,有关临床试验的信息也很容易被误解。这一问题在预测神经成像方面更加尖锐,因为人们在评估概率和风险方面本来就普遍困难,再加上围绕大脑结构和功能异常的研究的医学意义又存在不确定性。因此,研究者有义务向受试者和病人指出,预测性脑部扫描并不是一门精确的科学。这可以最大限度地减少人们在解释从脑部扫描中获得的信息时受到伤害的风险,也可以帮助那些认为自己的大脑不是那么"正常"的人免遭痛苦。

研究对象如何理解有关大脑的信息,或者研究人员如何将这些信息呈现给研究对象,并不是预测性脑部扫描面临的唯一难题。与表明易患某种疾病的遗传信息类似,潜在的保险公司或雇主可能会利用脑部扫描的信息而歧视那些正在寻找工作或购买医疗保险的人。但除了单基因疾病之外,一个人在基因上易受某种疾病的影响并不意味着他就会患上这种疾病。同样,一个无临床症状的人有一些结构或功能的大脑异常也并不意味着他就会患神经或精神疾病。除非脑部扫描与随后患具有高暴力或其他有害行为风险的精神疾病之间存在已知的因果关系,否则有关脑部扫描的信息应该保密,不应向第三方披露。然而,在这个由管理式医疗向电子病历发展的时代,这个保密标准正变得越来越难以保证。

预测神经成像可能成为一个判定神经和精神疾病第一迹象的实用工具。它可以使医生能够利用早期的药物干预来预防或控制这些疾病的恶化。但是成像对未来病情发展的预测是充满不确定性的,并可能导致相当大的虐待、歧视和伤害。因此,这些脑部扫描应该只用于追踪有家族史或遗传原因的神经系统疾病。预测性神经成像临床试验中对照组的人应该有权拒绝被告知附带的脑部发现信息。关于这些脑部扫描的医学原理和医学意义,应该在研究和临床实验中达成普遍一致。这应反映目前基于证据的情况、可能发生的情况以及在高危人群中应采取的行动。事实上,是否和如何使用这项技术,也必须作为更广泛的社会问题来提出和讨论。用神经学家约瑟夫·勒杜的话说:

> 这些研究迫使我们面对一个社会的伦理抉择,即我们应该在使用脑成像技术来读取神经信息方面走多远,以及我们应该如何使用我们发现的这些信息。当前取得的进展证明这些问题需要我们去解决。①

四、精神外科学

葡萄牙神经学家伊格斯·莫尼茨发明了"精神外科"一词来描述前额叶白质切开术治疗某些精神病的过程。这个过程包括在额叶的白质中注射酒精。1949 年,莫尼茨因前额脑白质切除手术的"治疗"价值而获得诺贝尔医学奖。但是精神外科最热心的支持者和实践者是美国神经学家沃尔特·弗里曼,他在 20 世纪 40 年代和 50 年代在美国进行了大约 3500 次额叶切除手术。这包括从眼睛上方的头盖骨插入一个仪器,然后来回摆动,切断额叶的白质束。虽然前额叶白质切除术可以缓解一些严重的精神疾病症状,但他们往往会导致严重的神经和心理后遗症,包括癫痫发作、重大人格变化、冷漠、失去社会控制,以及在某些情况下的死亡等。

臭名昭著的精神外科手术史让一些人产生了强烈的反感。尽管如此,它仍被作为治疗其他医疗手段无法治愈的强迫症、严重抑郁症和焦虑症的最后一种医疗手段被使用。虽然相对罕见,但大多数形式的精神外科不是实验性的。而更有针对性的磁共振立体定向技术提高了利用手术干预大脑和切除某些神经回路或通路手术的安全性和有效性。然而,大脑回路永久受损的风险,以及这种损伤所造成的严重的心理副作用也是不可忽视的。正因为如此,精神外科一直被作为疑难精神病症的最后一项治疗手段。

---

① Le Doux, op. cit. note 12, p. 221.

扣带回切开术是治疗重度强迫症的首选术式。一个扣带回的功能失调已经被认为是病人痴迷污染和强迫性洗手的原因。扣带回切开术也可用于治疗顽固性疼痛,因为前扣带回也调节着痛觉和痛感。在扣带回切开术中,通过在颅骨上钻出双侧毛刺孔,然后在扣带回上打两个小孔,以改变边缘系统和前额叶皮质之间的主要通路,从而纠正由扣带回功能失调导致的认知和情感处理之间的不平衡。对于严重抑郁的患者也进行了同样的手术。因为尾核下神经束切开术和边缘白质切开术是针对不同脑区的类似手术,它们被用来治疗严重的焦虑症。就像扣带回切开术一样,这些手术的目的是纠正大脑功能失调的区域或系统,以恢复正常的认知和情感功能。马萨诸塞州总医院在过去30年中进行的扣带回切开术的数据表明,30%的患者情况得到了显著改善,60%的患者的情况有了轻中度的改善。①

通过精神外科手术治愈或减轻不受控制的病态偏执、强迫症、焦虑和情绪显然是一项重要的医疗成就。但是对于那些由于这个手术而经历重大记忆丧失或人格改变的患者来说,治疗的代价可能是他们的身份、自我的丧失。在这些形而上学的概念中,治愈方法可能比疾病更糟糕。一些哲学家和神经科学家把个人身份和自我等同起来。其他人则将它们视为相关但不同的概念。对于后者,自我属于有意识体验的第一人称现象学感觉。② 身份是一种与心理状态随时间变化的连接性和持续性有关的统一关系。自我的核心特征则可能会因神经和精神疾病而改变,或者会被控制或治愈这些疾病的精神外科手术改变。如果手术破坏了大脑调节一个人在空间方向上的体感系统,或者调节人时间方向上的颞叶,那么这种变化就会发生。这些变化不一定会损害个人身份。然而,如果对过去经验的记忆和对未来经验的预期之间的联系由于大脑的外科手术而被切断了,那么这些精神状态的统一性也会随着时间的推移而被切断。手术后的人在直觉上将不同于手术前的人。严重逆行性失忆症就是这方面的一个很好的例子,它是由海马和颞叶受损引起的。断断续续的记忆会破坏从过去延伸到现在的心理连续性。

一些为控制重度癫痫发作而做过单侧颞叶切除术的患者在手术后表现出对恐惧的

---

① G. R. Cosgrove. "Surgery for Psychiatric Disorders", *CNS Spectrums*, No. 5(2002), pp. 43-52; D. Dougherty, et al., "Prospective Long-Term Follow-Up of 44 Patients who Received Cingulotomy for Treatment-Refractory Obses-sive-Compulsive Disorder", *Am J Psychiatry*, No. 159(2002), pp. 269-275.

② G. Strawson, "The Self", in S. Gallagher and J. Shear, eds., *Models of the Self*, Exeter: Imprint Academic, 1999, pp. 1-24; A. Damasio, *The Feeling of What Happens: Body and Emotion in the Making of Consciousness*, New York: Harcourt; T. Feinberg., 2001; Altered Egos, *How the Brain Creates the Self*, New York: Oxford University Press; T. Kircher and A. David, eds, *The Self in Neuroscience and Psychiatry*, Cambridge: Cambridge University Press, 2003; D. Parfit, "The Most Widely Discussed Philosophical Defense of the Psychological Continuity View of Personal Identity 1", *Reasons and Persons*, Oxford: Clarendon Press, 1984.

条件反射受损。① 这是由于调节恐惧和其他相关情绪的杏仁核受到了损害。而过度的恐惧常常是抑郁和焦虑症的症状。抗抑郁药和心理治疗则是使患者能够在过多和过少的恐惧情绪之间恢复平衡的手段。对病人来说,脑外科手术导致恐惧能力丧失可能比术前的过度恐惧给他们带来的伤害更大。恐惧能力是生存所必需的,失去这种能力会使人无法认识到并保护自己免受真正的威胁。尽管手术有可能产生这些严重的副作用,但当神经精神紊乱严重到影响一个人正常生活的能力时,精神外科的潜在好处似乎就超过了其风险。然而,正是因为这些风险可能有重大的医学、伦理和形而上学的意义,所以精神外科只有在治疗严重疾病时才被认为是合理的。

能否从接受这些手术的病人那里获得有效的知情同意,则是另一个在道德上备受争议的问题。② 尽管某些病症对任何其他治疗方法没有反应这一事实似乎能够成为精神外科价值的有力证明,病人可能出于对缓解症状的渴望而同意接受这样的手术。但这种渴望可能会损害他们理性地权衡利益和风险的能力。可以肯定的是,存在一些其他情况,病人会极度渴望从症状中解脱出来。精神外科的不同之处在于,作为干预目标的大脑功能失调区域往往是造成患者能力受损或无能的原因。这表明,精神外科手术的同意门槛应高于大多数(如果不是全部)其他手术。精神外科手术的同意门槛较高的另一个原因是,这一手术可能会对人格产生显著的和永久的副作用。

出于这些原因,仔细评估病人的心理必须是手术候选人选择的一部分。家庭成员或其他熟悉病人的人应与病人一起参与手术同意程序。在重度抑郁症患者中,手术同意问题尤为突出。在这种情况下,病人可能缺乏或根本不具备做出手术同意决定的能力。为了病人的最大利益而适当指定的代理人可以代表病人同意治疗。当病人对自己或其他人有构成重大伤害的风险时,这是合理的。如果没有自杀或伤害他人的风险,但病人的生活质量很差以至于手术对病人的潜在益处明显大于风险,代替病人同意手术也是正当的。这将适用于抑郁、焦虑或强迫症。类似的理由也可以为代表因脑肿瘤而造成明显的认知或情感损害的患者提供代理同意的依据。然而,即使在这种情况下,精神外科的潜在神经和心理副作用也要求相关的神经外科医生、辅助医疗队、病人和代理人对手术进行持续的审议。

精神外科手术的代理同意标准应高于其他手术。鉴于精神外科手术对思维和行为

① K. S. LaBar, et al., "Impaired Fear Conditioning Following Unilateral Temporal Lobectomy on Humans", *J Neurosci*, No. 15(1995), pp. 6846-6855.

② J. Kleinig, *Ethical Issues in Psychosurgery*, London: Allen & Unwin, 1985; S. Stagno, M. Smith and S. Hassenbusch, "Reconsidering 'Psychosurgery': Issues of Informed Consent and Physician Responsibility", *J Clin Ethics*, No. 5(1994), pp. 217-223.

可能造成严重改变的风险,苏格兰的一群神经外科医生最近制定并签署了一项不为任何不能提供持续的知情同意的人进行精神障碍手术的政策①。然而,如果病人的病情严重,对其他任何治疗手段都没有反应,且精神外科的潜在益处大于其潜在危害,那么对这一手术的代理同意也是可以被认可的。即使出于治疗上的原因,征得同意的要求也排除了强制进行精神外科手术的可能。

五、神经刺激

对精神外科中的脑损伤来说,神经刺激可以在医学和伦理上成为一个更可取的备选方案。但这种形式的脑部干预还处于早期实验阶段。神经刺激通常包括利用与电池相连的植入的电极来刺激大脑功能失调的区域。由于电极通常被植入脑深部皮质下区域,因此也被称为"脑深部刺激"。这一手术可以帮助受帕金森病影响而出现僵硬或震颤的患者恢复其协调运动的能力。同样的技术也可以通过抑制过度活跃的神经回路来预防或治疗癫痫。植入大脑的装置可以自动释放出非常低剂量的抗癫痫药物,或者传递一种可以阻止癫痫发作的电信号。2002年,法国的一个伦理学委员会批准了一项利用神经刺激治疗强迫症(OCD)的临床试验②。与精神外科手术相比,神经刺激具有可逆的优点。电极可以移除,病人也可以通过打开或关闭程控仪来控制电极的刺激功能。这也使得进行利弊不明的对照性临床试验和获得研究对象的知情同意变得更加容易。

然而,脑内电极的植入和刺激必须精确。植入或刺激偏离靶点一毫米都可能会导致无法预见的不良神经后遗症。在这些情况下,病人可能会发作癫痫,或者情绪处理受到影响,造成情绪单调(emotionally flat),或者失控自杀。即使目标区域按预期受到刺激,激活了一个在运动中起作用的与其他回路相分离的脑回路,也可能会对病人的运动控制能力产生不利影响。这就违背了这一手术实施的目的。因此,法国监督强迫症研究的委员会为神经刺激设置严格的实验条件。包括仔细选择受试者(只有那些其强迫症已经对其他治疗手段都产生抵抗性的人才能成为被试)、获得知情同意和评估研究结果。比利时神经外科医生巴特·纳特丁和他的同事于2002年8月起草并发布了关于使用脑深部

---

① K. Matthews and M. Eljamel, "Status of Neurosurgery for Mental Disorder in Scotland", *Br J Psychiatry*, No. 56(2003), pp. 404-411.

② A. Abbot, "Brain Implants Show Promise Against Obsessive Disorder", *Nature*, 2002, pp. 419-658.

刺激治疗精神疾病的一般道德准则。[1]

神经刺激的治疗对象可以扩大到重度抑郁症和焦虑症患者。对于那些对抗抑郁药物产生抵抗的患者,刺激前额叶皮质可以帮助他们调节杏仁核的过度活动,恢复认知和情绪处理之间的平衡。最近的一项研究表明,脑深部刺激(DBS)可调节扣带亚属区(subgenual cingulate region)的活动,这在六例难治性抑郁症患者身上产生了一定效果。[2] 脑深部刺激在治疗运动和情绪障碍的过程中可以发挥大脑"起搏器"的作用。然而,情感和焦虑障碍的行为症状比帕金森症或强迫症更为微妙。这使脑部刺激和外部行为之间的直接联系更为复杂。确定情感和焦虑障碍的有机原因或原因也更为复杂。这是因为这些疾病的病因可能包括心理因素,如信仰和具有广泛分布的神经基础的情感。这些心理疾病也可能受到生理和社会环境因素的影响。因此,脑深部刺激作为一种针对广泛的神经和精神疾病的治疗手段,其效果可能是有限的。

电惊厥治疗(ECT)、经颅磁刺激(TMS)和迷走神经刺激(VNS)作为治疗重度抑郁症和其他精神疾病的方法可能更有吸引力,因为它们完全避免了对大脑的外科手术。[3] 在电惊厥治疗中,首先要在患者头部植入电极,随后通过一系列电击刺激大脑以诱使癫痫发作。这项技术似乎恢复了前额叶皮质和边缘系统之间的神经递质和神经元连接的正常平衡。经颅磁刺激也旨在恢复大脑皮质和边缘系统的平衡。其方法是通过手持式线圈经过头皮将局部磁脉冲传送到大脑。迷走神经刺激已被用于治疗癫痫以及严重的抑郁症和双相情感障碍。它主要是利用一系列的电脉冲来刺激颈部的左迷走神经来达到治疗效果。这些脉冲通过手术植入的电线进行传递,这些电线都是连接在胸部的脉冲发生器上的。迷走神经与边缘结构和丘脑有联系,它们在调节情感状态方面起着重要的作用。

和我讨论过的其他治疗方式一样,这些治疗方式的根本问题在于它们的长期效果还不清楚。尽管侵入性较小,但电惊厥治疗、经颅磁刺激和迷走神经刺激在医学与道德上并不比其他治疗方式更易于被人接受。众所周知,电惊厥治疗造成了某些患者严重的记忆丧失。经颅磁刺激只能刺激大脑皮层,因为磁场强度在超过几厘米远时就会急剧下

---

① B. Nuttin, et al. , "Ethical Guidelines for Deep-Brain Stimulation", *Neurosurgery*, No. 51(2002), p. 519.

② H. Mayberg, et al. , "Deep-Brain Stimulation for Treatment-Resistant Depression", *Neuron*, No. 45 (2005), pp. 651-660.

③ R. Abrams, *Electroconvulsive Therapy*. New York: Oxford University Press, 2002；S. V. Eranti and D. M. McLoughlin, "Electroconvulsive Therapy-State of the Art", *Br J Psychiatry*, No. 174(2003), pp. 8-9；A. Pascual Leone, *Handbook of Transcranial Magnetic Stimulation*, New York: Oxford University Press, 2002；S. Lisanby, *Brain Stimulation in Psychiatric Treatment*, Washington, D. C. : American Psychiatric Publishing, 2004.

降。然而,只有大脑皮质和皮质下区域的功能障碍才与大多数精神疾病有关。此外,经颅磁刺激的作用时间也可能很短。美国正在进行旨在提升治疗抑郁症的经颅磁刺激的深度和持续时间的临床试验,但这些试验能否达到预期效果仍有待观察。[①] 就像内部和外部的电刺激一样,大脑的外部磁刺激可能会对手术所针对的电路以外的回路产生不利的影响。神经刺激要么刺激神经元,要么抑制神经元。这些手术中的一些既涉及对某些神经元的刺激,也涉及对另一些神经元的抑制,这就使得控制刺激的效果变得更难。而刺激的效果也取决于使用刺激的频率和接受刺激的大脑区域。

这并不意味着经颅磁刺激和其他治疗方法就应该被禁止。相反,我们需要进行更长期的研究,以充分评估其益处和风险。鉴于这些治疗方法效果的不确定性,同样严格的实验条件应该适用于所有形式的神经刺激,无论其侵入程度如何。此外,还必须征得病人或受测者或其合法代理人的知情同意。这就要求研究者必须解释这些治疗手段的潜在益处和风险,并指明这些益处和风险的不确定性。最后,这些实验的医学不确定性表明,只有当它们被设计用于治疗对药物或其他经证实的治疗方法产生抵抗性的精神疾病时,它们在道德上才是正当的。

六、认知和情感增强

与用于监测或治疗神经和精神疾病的技术不同,有一些药物是用于增强正常的认知和情绪的。也许这些药物中最耐人寻味的是莫达非尼。这种药物于 1998 年被批准用于治疗嗜睡症,现在被用于治疗睡眠呼吸暂停和夜班睡眠障碍。所有这些情况都是由中枢神经系统昼夜节律(睡眠-觉醒周期)失调引起的。研究表明,莫达非尼可以减少轮班工人白天的嗜睡情形,降低那些本来会由于疲劳而引起的机动车事故的发生率。[②]

莫达非尼的好处是显而易见的,但是这种药物也被用来提高有规律睡醒周期的人的警觉性。事实上,大约 90% 的处方都被用于这种情况和其他标签外的用途。服用这种药物的人可以延长他们的警醒期,并在持续较高的认知水平上发挥作用,但睡眠却比正常人少得多。B-2 轰炸机和商用航空公司的飞行员在跨大陆飞行中进行的实验表明,莫达非尼可以使他们保持警惕,并在睡眠不足的情况下从事精神集中的活动。在某些方面,

---

① Y. Z. Huang, et al. ,"Theta Burst Stimulation of the Human Motor Cortex", *Neuron* , No. 45(2005), pp. 201-206.

② D. C. Turner, et al. , "Cognitive Enhancing Effects of Modafinil in Healthy Volunteers", *Psychopharmacology*, No. 165(2002), pp. 260-269.

莫达非尼的作用就像哌甲酯(利他林)和其他兴奋剂一样,可以提高人们将注意力集中在特定任务上的认知能力。那么会不会有什么医学或伦理上的原因让人们反对使用这种药物来提高认知能力呢?

研究人员认为,莫达非尼并不会产生像安非他明和可卡因等兴奋剂那样使精神过度活跃或上瘾的效果,因为它对靶向控制清醒和阻止下丘脑促进睡眠的多巴胺通路具有选择性。然而,睡眠在维持神经可塑性方面仍起着重要作用。通过药物手段限制睡眠可能会损害大脑适应环境变化或适应伤害的能力。此外,长期睡眠不足的人患高血压以及肥胖症和糖尿病等代谢紊乱病症的风险更大。最近的研究表明,睡眠对于巩固新获得的记忆很重要。[①] 而对自然警觉性系统的不断改变可能会产生有害的后果。莫达非尼和其他提高警觉性的药物的主要问题是它们的确切生化机制和长期效应尚不清楚。长期使用这些药物可以重建突触,改变神经回路,并导致大脑的永久性改变。[②] 我们需要进行充分的纵向研究,以确定这些效应,并确定这些药物的益处是否大于风险。

另一种形式的精神药理学增强涉及的药物,将能够增强记忆储存和加快记忆检索的能力。这些药物最有可能针对的是工作记忆,这使得我们能够完成如推理和决策这样的认知任务和执行功能。工作记忆可以说是一种短期的陈述性记忆。陈述性记忆包括语义记忆(包括有意识地回忆概念、事实和数字的能力)和情景记忆(包括有意识地回忆事件的能力)。陈述性记忆不同于程序性记忆,它能使我们无意识地表现出某种技能,例如骑自行车或开车等。前额叶皮质调节着工作记忆。已经在开发中的药物旨在通过作用于转录因子环磷酸腺苷(cAMP)及其调节的蛋白质 CREB(环磷酸腺苷反应元件)结合蛋白来增加记忆储存。这种蛋白质负责打开和关闭与记忆形成和储存有关的基因。增强记忆的"智能药物"将增加神经元内的环磷酸腺苷反应元件结合蛋白的供应,从而加强记忆巩固。[③] 尚未可知的是,增加大脑的记忆存储能力会不会损害其检索这些记忆的能力。这一点是由对记忆的进化解释引起的。我们只能记住这么多事实或事件,这种记忆能力的限制可能是对我们生存至关重要的自然设计的一部分。理想中,我们想要一种既能增加记忆形成和存储能力,又能提高记忆检索效率的药物。但是增加存储不一定能更

---

① M. Nicolelis, et al., "Global Forebrain Dynamics Predict Rat Behavioral States and Their Transitions", *J Neurosci*, No. 49(2004), pp. 11137-11147; R. Huber, et al., "Local Sleep and Learning", *Nature*, No. 430 (2004), pp. 78- 81.

② S. Hyman and W. Fenton, "What Are the Right Targets for Psychopharmacology?", *Science*, No. 299(2003), pp. 350-351.

③ T. Tully, et al., "Targeting the CREB Pathway for Memory Enhancers", *Nat Rev Drug Discov*, No. 2(2003), pp. 267-277; G. Lynch, "Memory Enhancement: The Search for Mechanism-Based Drugs", *Nat Neurosci*, No. 5(2002), pp. 1035-1038.

快地检索。在大脑中存储更多的事情可能会导致工作记忆超载,从而削弱其执行认知任务的能力。它也可能损害我们学习新事物的能力,因为这种能力取决于一定程度的遗忘。

这些考虑表明,在我们的大脑中可能有一个最佳数量的环磷酸腺苷反应元件结合蛋白用于记忆。过多的环磷酸腺苷反应元件结合蛋白会导致记忆的过度产生和过度供给,这可能会使我们的大脑和思维由于充斥着毫无意义的事实或事件而变得杂乱无章。如果记忆和遗忘之间有一个最佳平衡,那么增加语义记忆存储和减少遗忘会导致语义记忆检索受损和学习新事物的能力受损这样的假设似乎就是合理的。法拉支持这一点:

> 我们对在创造人脑的过程中所满足的设计限制知之甚少。因此,我们不知道有哪些限制是有充分理由的……正常的遗忘率似乎对信息检索来说是最佳的。[①]

法拉还警告我们试图增强记忆有"隐藏成本",进化论的考虑让我们对被看作"免费午餐"的普遍认知增强的前景保持警惕。我们应该谨慎地做出这样的推断,即认为:如果一定数量的记忆是好的,那么更多的记忆将更好。

那些能够提高警觉性、注意力、记忆力或其他认知能力的药物可能有重要的社会影响。有些人可能认为,提高认知能力的目的应该是减少不公平,但不排除其他有益的选择。这种构成智力的认知能力是一种竞争性产品,它能使一些人在获得就业、收入、财富和更高水平的福利方面比其他人更有优势。如果我们可以确保人人都能获得可以提高认知能力和智力的药物,那么可想而知这将减少社会的不平等和不公平。它将为每个人提供平等的接受教育和就业的机会,从而保证人人享有中高水平的福利。但这并不是必然的结果。平等地获得竞争性产品,或获得便利、获得竞争性产品的机会,并不意味着利用这些机会的结果是平等的。

父母对精英教育和有利可图的工作等竞争性产品的不同态度,可能决定了孩子在如何使用增强型药物方面存在的实质性差异。一些家长会比其他家长更有选择性地送孩子去更好的学校或安排私人辅导。在这些方面,获得认知增强方面的平等并不意味着儿童、青少年和成年人之间成就的平等。此外,一些青少年和成年人会使用认知增强药物从事无价值的甚至是病态的工作,如赌博。并不是每个人都会以一种有益的方式使用这些药物。在有关的竞争性商品方面,认知增强的结果将是不平等的。任何有益的认知增强的选择都可能出现在现有社会不平等的基础上,而且更有可能加剧而不是弱化这种不

---

① M. Farah, "Emerging Ethical Issues in Neuroscience", *Nat Neurosci*, No. 5(2002), p. 1125; M. Farah, et al., "Neurocognitive Enhancement: What Can We Do and What Should We Do?", *Nat Rev Neurosci*, No. 5(2004), pp. 421-425.

平等。

认知增强必须区别于情感增强。后者与许多人使用选择性血清素再摄取抑制剂来克服羞怯或创造了一种普遍的幸福感这种夸大的说法有关。这些说法在一定程度上要归功于彼得·克莱默(Peter Kramer)1993 年出版的《听百忧解》(*Listening to Prozac*)一书,书中包括了一些关于使用诸如百忧解这样的选择性血清素再摄取抑制剂来增强自信和自尊的内容。但这一观点忽视了这样一个事实,即大多数人是因为有严重抑郁的情感、认知和身体症状才服用这些药物的。[①] 让他们服用这些药物的目的不是让人们自我感觉更好,而是让他们恢复到正常的心理和生理功能水平。一些人可能会通过服用这些药物来刺激情绪,但大多数人不会。事实上,对于那些情感症状不符合主要临床抑郁症标准的人来说,这些药物的积极作用是微乎其微的。美国精神病学家格雷格·沙利文解释道:

> 如果有人对选择性血清素再摄取抑制剂的效果感到满意,这通常表明这种药物对严重的症状有显著的影响,包括那些由慢性低水平抑郁(心境障碍)引起的症状。……但是选择性血清素再摄取抑制剂不是"快乐药丸",没有明显情绪或身体功能障碍的人通常不会从中得到多少好处,当然也没有什么理由能使他们持续使用。[②]

即使利用精神药理学来增强认知或情感的风险是最小的,这些药物可以改变人格的潜能也产生了一个形而上学的问题:如果一个人的认知能力或情感能力发生了重大改变,那么他还会保留自己的身份,还是同一个人,同一个自我吗?或者他会成为一个不同的人或不同的自己?如果一个人的心理联系和连续性都被这些改变破坏了,那么谁会从这样的药物干预中受益就不清楚了。这种改变消除了对同一个人存在的两种状态进行比较的可能性,就其获得的任何好处而言,这种情况是必要的。本文中提出的所有问题都表明有必要对精神药理学增强的理论基础进行公开而广泛的讨论,同时也表明我们需要进行研究,以确定这些干预措施的安全性和有效性。

七、结 论

随着脑成像、心理外科、神经刺激和精神药理学的日益完善和普及,研究人员将能更好地映射与修改人类思维和行为的神经基础。这将使医生能够更准确地预测、预防、诊

---

① Peter Kramer, *Against Depression*, New York：Viking,2005.
② LeDoux, op. cit. note 12, p. 276.

断和治疗神经与精神疾病。但到目前为止,大脑仍然是最复杂和最不为人所知的人体器官。我们仍然不能准确地知道大脑的所有不同系统是如何相互作用的,也不知道一个特殊的异常大脑能预测未来精神病理学的什么内容。我们不知道如何干预这些系统可以影响信念、欲望、意图和构成人类思想的情感。我所讨论的手段和干预措施有可能影响我们的思想,并以积极和消极的方式改变我们自己。因此,我们需要仔细权衡不同的手段和干预措施在临床神经科学中潜在的益处和危害。

神经科学也许是医学和生物技术中发展最快、最令人兴奋的领域。虽然它在某些方面仍然是一个新兴的领域,但在其他方面,它已经在临床和实验设计中得到实践了。临床神经科学中提出的伦理问题与干细胞研究、基因测试或任何其他生物伦理学领域提出的问题一样重要。承认这些治疗方式的实际应用和可能应用之间的差异,我们需要认清已经存在的和将要出现的困境。这是因为神经科学的发展如此之快,对我们的影响如此之直接和深远,以至于我们现在应该对由此产生的重要伦理问题予以关注和讨论。

〔本文译自 Walter Glannon,"Background Briefing:Neuroethics",*Bioethics*,No. 1 (2006),pp. 37-52。〕

公共伦理学研究

● 基于央地互动视角的行业协会管理
   制度演进分析

基于央地互动视角的行业协会管理制度演进分析

郭金喜　谢威望*

一、问题提出

厘清政会关系、激活社会活力,是构建现代社会组织体制的重要内容,亦是实现国家治理体系与治理能力现代化的重要要求。改革开放以来,行业协会不仅成为数量最多、增速最快①的社会团体,而且在事实上成为改革顺序最为优先、内容最为丰富、程度最为彻底的社会组织类别,其改革进程与创新经验经常成为各界关注的热点。那么,究竟是什么让行业协会改革得风气之先,率先完成管理体制的突破? 行业协会管理体制改革何以成功,支撑其突破的内在机制如何? 行业协会管理体制改革的经验是否具有一般性,能否被成功复制?

行业协会管理体制,是指有关行业协会管理的各种制度安排的总和,在传统上受社会团体管理制度限定。该制度初步确立于 1989 年的《社会团体登记管理条例》,并为 1998 年新修订的《社会团体登记管理条例》所强化,主要遵循分级、双重管理体制和限制竞争原则②,由登记管理制度、综合监管体制、政府采购行业协会服务制度、分级分类管理以及限制竞争原则等制度安排组成。其中,双重管理体制通常被认为是整个制度的核心,本文亦以此为重点展开分析。

学术界对行业协会管理制度的研究由来已久。他们认为传统管理制度让行业协会

＊　郭金喜,浙江师范大学马克思主义学院副教授;谢威望,任职于浙江碧桂园投资管理有限公司人力资源部。

① 吴为、温蓓:《我国近 7 万家行业协会商会将与行政机关脱钩》,《新京报》,2015 年 7 月 9 日,A22 版。

② 王名、孙春苗:《行业协会论纲》,《中国非营利评论》,2009 年第 1 期,第 1—39 页。

面临合法性限制①、成立难度增加②、业务主管单位监管难以发挥应有作用③和行政色彩过于浓厚④等弊端,需要按照合作主义原则重建政府与行业协会的关系,从"不平等依附"向"平等-合作"转变,建立一种有效的"谈判-合作"机制⑤,或"由行政控制转向分类监管、资源引导和行为控制"以及"完善立法、统一监管、建立新型公共服务体系"⑥,或在监管方面建立合规性监管体制,实现行业协会商会从双重管理体制到合规性监管体制的转变⑦。总体看,大量研究围绕着行业协会的实然问题与应然秩序展开,对如何从实然进化为应然的内在机制探讨较少,对行业协会管理制度变迁开展演化分析的更少。本文试着从中央政府与地方政府互动视角来剖析行业协会改革逻辑、变革历程与动力体系。

二、理论模型

对中央和地方关系的分析,盛行"二元对立"的静态思维⑧,认为"上有政策、下有对策"的博弈,往往使得中央的政策目标与实际的政策效果产生巨大的反差,甚至导致中央和地方双输的局面。不过,如果我们认可无论是在联邦制还是在单一制国家中,中央均不可能在央地关系中处于绝对的主导地位进而对地方进行绝对控制这一事实,那就意味着央地关系并不只是中央到地方的单向度流动,地方对中央也存在积极的影响和反馈,央地间存在较为紧密的互动关系。⑨

央地互动模型是分析中央政府与地方政府政策互动的动态分析模型,它以政策制定与执行方面的央地互动关系解释政策变迁或管理制度演进。本文在借鉴金太军⑩、周

① 余晖:《中国转型期行业协会的发展不足及其阻因》,《2004中国改革论坛论文集》。
② 徐家良:《互益性组织:中国行业协会研究》,北京,北京师范大学出版社,2009年版,第326页。
③ 王名:《国内外民间组织管理的经验与启示》,《学会》,2006年第2期,第23-26页。
④ 徐家良:《互益性组织:中国行业协会研究》,北京,北京师范大学出版社,2009年版,第326页。
⑤ 康晓光:《行业协会何去何从》,《中国改革》,2001年第4期,第34-36页。
⑥ 王名:《改革民间组织双重管理体制的分析和建议》,《中国行政管理》,2007年第4期,第62-64页。
⑦ 郁建兴、沈永东、周俊:《从双重管理到合规性监管——全面深化改革时代行业协会商会监管体制的重构》,《浙江大学学报(人文社会科学版)》,2014年第4期,第108-116页。
⑧ 李军杰:《地方政府经济行为短期化的体制性根源》,《宏观经济研究》,2005年第10期,第18-21页;戴长征:《国家权威碎裂化:成因、影响及对策分析》,《中国行政管理》,2004年第6期,第75-82页;李克:《转轨国家的机制性腐败:一个一般均衡模型》,《经济社会体制比较》,2003年第1期,第30-40页。
⑨ Timothy Champion, *Centre and Periphery: Comparative Studies in Archaeology*, London: Routledge,1997,p.13.
⑩ 金太军:《当代中国中央政府与地方政府关系现状及对策》,《中国行政管理》,1999年第7期,第67-71页。

望①等研究的基础上,进一步从互动主体、过互动程、互动机制和互动结果四个方面加以展开。

第一,互动主体。在我国,政府含义大多外延至党委、政府和人大,在不特定注明的情况下,往往以国务院代表的行政系统为主。中央政府可以是国务院亦可为具体中央职能部门,与其互动的地方政府,大多指省级政府和地市级政府,近年来有些政策试点直接覆盖到了县级政府。在本文的探讨中:代表中央的首先是国家经济贸易委员会(以下简称"国家经贸委")、民政部等部委,因政策权威性提升的需求,相关政策往往由国务院颁布;地方政府则是进行地方改革创新的省级政府、地市级政府及其具体职能机构。

第二,互动过程。地方政府的存在,不仅因为公共物品的规模差异与外部效应的大小,更关键的是其能更好地对地方信息做出反应,进而在"用脚投票"的压力下更好地开展改革试验,在降低全局性改革风险的同时,创造出府际竞争优势。中国特色社会主义建设,作为前无古人的伟大创举,有时缺乏充足的理论准备,政策创新大多在"稳定压倒一切"的原则下,以"划圈"、"摸着石头过河"和经验总结推广的渐进方式进行。因而,互动过程经常表现为中央倡导、地方试点推进、经验总结、全国推广。不过,如同小岗村的改革一样,倒逼式改革决定了有相当一部分的改革首创权归于地方,地方实验与群体自发仿效后再由中央决定向全国推开。

第三,互动机制。按制度经济学的分类,制度变迁的类型总体可分为自下而上的诱致性制度变迁和自上而下的强制性制度变迁,以及两者在一定程度上的复合。央地互动机制,在根本上亦是如此。在具体方面,根据中央政府项目推动力度强弱和地方政府竞争程度的差异,央地互动关系可进一步分为"强推动-强竞争:争取型"、"强推动-弱竞争:指定型"、"弱推动-强竞争:追认型"和"弱推动-弱竞争:自发型"四种触发机制。② 受央地博弈和地方政府间竞争的共同作用影响,互动机制在具体的阶段很有可能不同。也即,在制度演化过程中,互动机制的具体呈现往往因央地对制度变革实际需求水平与认知水平的差异、地方政府间创新竞争关系改变而不断调整。

第四,互动结果。政策创新的强度与影响力是以央地互动视角分析制度变迁的核心指向。考察互动结果,既要关注改革的最终成果,亦要仔细分析改革阶段性成果的创新之处与创新程度,同时也进一步明晰互动周期中改革创新的主要推动者及其更迭。通

---

① 周望:《如何先试先行?——央地互动视角下的政策试点启动机制》,《北京行政学院学报》,2013年第5期,第20—24页。

② 周望:《如何先试先行?——央地互动视角下的政策试点启动机制》,《北京行政学院学报》,2013年第5期,第20—24页。

常,标志性的改革创新事件及其成果,是衡量互动结果的理想选择,亦是划分互动阶段的主要依据。

三、实证分析

以双重管理体制改革为主线,行业协会管理制度变迁经历了体制内初探、体制内完善和体制外突破与推广三个阶段,由多元探索最终走向直接登记的一元管理模式。

(一)体制内初探阶段(1997—2001 年)

1992 年党的十四大将建立社会主义市场经济体制作为改革目标。根据这一要求,1993 年,我国撤并了一些专业经济部门和职能交叉的机构,将部分专业经济部门转化为行业协会,在行业协会的基础上管理好部门经济成为新的政策选择。1997 年 3 月,为加强行业管理并发挥行业协会的作用,国家经贸委办公厅印发《关于选择若干城市进行有关行业协会试点的方案》的通知,决定将上海、广州、温州、厦门四个城市作为探索行业协会改革的试点。该方案提出,建设和发展行业协会是建立社会主义市场经济体制的重要组成部分,也是国有企业改革的重要外部配套条件,要通过试点探索具有中国特色行业协会的基本模式,为建立行业管理新体制提供新鲜的经验。

作为试点城市之一,温州市创全国先例于 1999 年 4 月以政府令形式出台《温州市行业协会管理办法》(温政令第 30 号)。① 该办法在第八条明确市、县(市、区)各系统的业务主管部门为该系统行业协会业务主管的同时,在第九条提出市、县(市、区)工商联应在非公有制经济发展较为集中的行业中,积极组建和发展行业协会,并对已建的行业协会加强指导、管理和监督。该办法创造性地让工商联在事实上承担起业务主管部门的职责,为行业协会找到"婆婆"注册拓宽了空间、增加了机会。

1999 年 10 月,结合相关城市试点经验,国家经贸委印发《关于加快培育和发展工商领域协会的若干意见(试行)》,再次明确工商领域协会(包括工商领域行业协会、商会等社会中介组织)是自律性、非营利性的经济类社会团体法人,提出完善和落实工商领域协会的职能须结合政府机构改革和职能转变,要积极探索工商领域协会管理模式,协调好工商领域协会与有关政府部门的关系,完善和落实工商领域协会的职能。

---

① 叶劲松:《试论行业协会双重管理体制的改革》,《理论与改革》,2005 年第 2 期,第 63—65 页。

（二）体制内完善阶段（2002—2005 年）

随着我国社会主义市场经济进程的日益深化，一些地方在不突破原有体制的条件下做出改革尝试，涌现出"三元管理体制"与"二元管理体制"等体制内改革创新模式，取得了积极成效并形成了一定的扩散态势。

1. 上海"三元管理体制"改革创新

为加快行业协会发展，实现政会分开，充分发挥行业协会的代表、自律、服务和协调的功能，2002 年 1 月，上海市政府召开了行业协会和市场中介改革发展工作会议，宣布成立市行业协会发展署，并颁布发行了《上海市行业协会暂行办法》和《关于本市促进行业协会发展的指导意见》，将传统业务主管部门承担的业务指导与业务管理两项职能分开，由行业协会发展署承担行业协会的业务管理职能，而原有的业务主管部门继续承担行业协会的业务指导职能，形成"双重管理、三方负责"的新型管理体制。这一体制被学界普遍称为"三元管理体制"，其特点是在尊重原有体制的基础上区分了"业务主管"与"业务指导"，将行业协会发展与管理责任明确到行业协会发展署，并明确要求行业协会推进"职业人制度"，突出行业协会的专业化发展。2003 年，上海市人大通过了《上海市促进行业协会发展规定》，2004 年，上海市社会团体管理局和上海市行业协会发展署联合发出《关于进一步做好本市行业协会改革调整工作的通知》，对相关制度进一步优化。到 2005 年，上海市按新机制在"入世相关领域、新兴产业和优势产业"发展了 60 家行业协会，协会总量达到了近 200 家。

2. 鞍山"新二元管理体制"改革创新

与上海的探索不同，鞍山市创造性地推出了"新二元管理体制"。2003 年 3 月，该市经贸委印发 39 号文《关于委托市工业经济联合会履行工业经济行业协会业务主管单位职责的通知》，明确以工业经济联合会（以下简称"工经联"）来行使工业经济领域行业协会业务主管部门的权力。这一模式的特点是依然强调业务主管部门的作用，但其用工经联这一超级社团进行了置换并形成了职能主体的统一。其与温州 1999 年探索的不同之处在于，温州改革没有明确将工商联作为业务主管部门并且是唯一的业务主管部门。鞍山的改革，为河北省、北京市、嘉兴市、温州市等地所接纳，成为这一阶段改革最为显著的成就之一。

（三）体制外突破与推广阶段（2005 年至今）

作为改革开放的排头兵，广东省最先对双重管理体制做出了突破。2005 年 12 月，广东省人大常委会通过了《广东省行业协会条例》,2006年2月,广东省委与省政府发布了《关于发挥行业协会商会作用的决定》,以"推进社会组织民间化、自治化、市场化改革进程"为指向,在全国率先取消了业务主管单位,指明"有关部门"在各自职责范围内依法对行业协会进行相关业务指导,并取消了行业协会成立前向业务主管单位筹备审查的程序,强化了登记管理机关的职能与权力。该改革的特点是在继承已有改革探索的基础上,进一步取消"业务主管",突出"政府与行业协会、商会之间,是指导与被指导、监督与被监督的关系",为一元管理体制的建立奠定了扎实的基础。

最先明确"直接登记"的是深圳。该市以列入国家社会组织"改革创新综合观察点"为政策机遇,发挥先行先试优势,以着力培养社会自治能力和"形成党委领导、政府管理、社会监督和社会组织自律相结合的社会组织管理格局"为目标,在2008年9月出台了《关于进一步发展和规范我市社会组织的意见》,明确规定对工商经济类、社会福利类、公益慈善类社会组织实行由民政部门直接登记。

依托于民政部与浙江省共建温州市民政综合改革试验区合作协议,温州于2012年推出了《关于加快推进社会组织培育发展的意见》"1+7"系列文件,提出除依据法律法规需前置行政审批及政治类、宗教类、社科类的社会组织外,均可直接登记。

不断涌现的地方创新实践与改革压力汇总的宏观结果是,党的十八大报告提出加快形成政社分开、权责明确、依法自治的现代社会组织体制。2013年3月发布的《国务院机构改革和职能转变方案》要求改革社会组织管理制度,对行业协会商会类、科技类等四类社会组织实现直接登记。同年11月,中共十八届三中全会进一步将相关改革视为推进国家治理体系与治理能力现代化的重要组成部分,行业协会的双重管理制度正式终结。

与双重管理体制改革相伴生的行业协会管理制度创新,还有去行政化改革和"一业多会"的破除行业垄断化改革。2005年出台的《广东省行业协会条例》就提出了以"五自四无"为主要内容的去行政化改革。2008年,深圳允许同行业按照产品类型、经营方式、经营环节及服务类型成立行业协会商会。2012年,广东省出台新政明确引入竞争机制,突破一业一会的垄断格局。同年,温州出台的《关于加快推进社会组织培育发展的意见》"1+7"系列文件,亦提出了去行政化和去垄断化改革要求。相关实践为吉林、广西等地所学习推广,并最终在2013年《国务院机构改革和职能转变方案》和《中共中央关于全面深化改革若干重大问题的决定》中成为全国性改革方案加以推进。2015年,中共中央办公厅和国务院办公厅联合颁布《行业协会商会与行政机关脱钩总体方案》,要求各级、各部门按"五分离、五规范"的总体要求有序推进脱钩工作。同年,国务院成立"行业协会商会与行政机关脱钩联合工作组",分三批试点推动相关工作。2017年底,浙江、安徽等多个省份宣布省级行业协会商会完成脱钩工作。针对脱钩后行业协会商会管理的相对要求；2016年，发改委、民政部等多个部门联合出台了《行业协会商会综合监管办法（试行）》；2017年，民政部印发了《关于清理规范已脱钩全国性行业协会商会涉企收费的通知》，并与财政部联合制定了《脱钩后行业协会商会资产管理暂行办法》。从表1中可以看出不同阶段的行业协会管理制度改革的标志性事件。

表1 行业协会管理制度改革标志性事件

时　　间	创新主体与主要文件	创新核心内容
1997年	国家经贸委《关于选择若干城市有关行业协会试点的方案》	试点改革
1999年	温州市政府《温州市行业协会管理办法》	赋予工商联主管职责
2002年	上海市政府《上海市行业协会暂行办法》《关于促进行业协会发展的指导意见》	双三元管理体制
2003年	鞍山市经贸委《关于委托市工业经济联合会履行工业经济行业协会业务主管单位职责的通知》	新二元管理体制
2005—2006年	广东省人大常委会《广东省行业协会条例》；广东省委省政府《关于发挥行业协会商会作用的决定》	取消业务主管单位、去行政化
2008年	深圳市委市政府《关于进一步发展和规范我市社会组织的意见》	直接登记制、去垄断化
2012年	温州市民政局《关于加快推进社会组织培育发展的意见》"1+7"系列文件	直接登记、去行政化、去垄断化
2013年	国务院《国务院机构改革和职能转变方案》	直接登记、去行政化、去垄断化
2014年	深圳市委市政府《深圳经济特区行业协会条例》	"去垄断化""去行政化""一业多会"
2015年	中办、国办《行业协会商会与行政机关脱钩总体方案》	"五分离、五规范"、去行政化
2016年	发改委等《行业协会商会综合监管办法（试行）》	社会化、专业化、法人治理
2017年	财政部、民政部《脱钩后行业协会商会资产管理暂行办法》	资产管理
2017年	民政部《关于清理规范已脱钩全国性行业协会商会涉企收费的通知》	规范化、会员服务导向

四、结论与讨论

行业协会领域历经了21年（1997—2017年）的改革探索，不仅突破了双重管理体制，亦逐步告别了行政化与非竞争性规则的约束。这一过程,肇始于中央职能部门国家经贸委的工作试点安排,创新于各地实践和民政部的推进,最终以党中央、国务院文件的方式建立起新的社会组织体制向全国推行。这一变革使行业协会在社会领域最终取得了与企业在市场中近乎一样的地位与权利,即自主经营、自负盈亏、进出自由、竞争性生存;强调了行业协会的服务导向、专业化发展与规范化运营;打破了传统的体制性依赖,确立起合作契约化、去行政化、适度竞争化和监管体系综合化法律化的新型政会关系①,推进了"强力政府"与"活力社会"双向运动的互益性依赖关系②。行业协会管理制度改革创新的进程,不仅彰显了我国市场化社会化发展的实践逻辑和制度变迁逻辑,也深刻地体现了国家治理体系与治理能力现代化演进的大逻辑:政府放权赋能—非政府主体生长与扩张—规制探索与博弈演进—政社分工与跨部门合作治理—社会主义现代化强国。

回溯行业协会管理制度改革创新进程,本文支持中央和地方的关系,并不是单一的"上有政策、下有对策"的二元对立,而是至少包含相互支持、相互作用的复杂关系。甚至,一些表面上的"下有对策",实际上亦是中央政府默许、鼓励和支持的结果。鞍山对业务主管部门移花接木式的改革、广东对传统管理体制的全面突破,不仅未受到上级部门的阻击与批评,反而被媒体和学术界概括为"经验"与"模式"并为各界所知。这一特征,反映的恰恰是我国倒逼式改革的渐进逻辑。作为试错性努力,改革成功的一大先决条件是"控风险":在试点的基础上扩大试点范围,总结出可复制、可推广的经验向全国推广。在这一过程中,中央实际上形成了允许地方主动探索试错的改革氛围或潜规则,一些地方的"偷跑"因其带有"自费改革"特征与"合唱"效果,只要不是"闯红灯"出大乱子,往往为中央所默许甚至是鼓励。因此,体制改革实际上是建构与演进的复合,是诱致性制度变迁与强制性制度变迁的统一,各类触发机制均有可能在过程中起到一定的作用。在全面深化改革的新时代,对顶层设计的强调,仍需为"不按套路出牌"的地方创新预留空间。

基于央地互动的配套性的管理体制改革,很可能具有时间加速效应。行业协会管理制度转型,历经了21年的努力。其中,双重管理制度改革覆盖了全程,去行政化改革探索走了13年(2005—2017年),引入竞争性规则用了10年(2008—2017年)。这一加速性过程,可能与试错性改革的示范效应、累积效应、学习效应与联动效应有关,局部的量变最终带来全局的质变,亦与公共政策的性质有关。新制度只有较为成熟定型时才有最大的可能性为各方所接受并成为全国性的政策。它表明:改革需要决心,更需要耐心与毅

① 徐家良、郝斌:《直接登记下行业协会与政府关系发展新趋势》,《教学与研究》,2015年第9期,第13—19页。

② 郭小聪、宁超:《互益性依赖:国家与社会"双向运动"的新思路——基于我国行业协会发展现状的一种解释》,《学术界》,2017年第4期,第60—71页。

力;营造改革的氛围与态势,可能比单兵推进的改革实践要强得多。

在更深层的意义上,行业协会管理体制变革领跑社会组织改革的原因,还在于其独特的复合动力体系。

经济性动力。行业协会作为与市场经济结合最为紧密的社会组织类型,与企业数量、产业规模、行业类型、市场竞争等密切相关。随着我国市场规模的持续扩大,行业协会治理的重要性日益突出,特别是在国际贸易争端处理方面,更具有举足轻重的地位与作用。行业协会管理制度的改革,具有市场内生性。

政策性动力。作为直接服务于"经济建设"中心的行业协会,其改革在社会领域中具有优先性,并因行政化等原因和政府机构改革及职能转变紧密相关。改革开放以来的机构改革与政府职能转变,几乎都涉及行业协会。推动政会分离,发展更多更优秀的行业协会承接政府职能转移,成为政府改革的重要选择,包括国家经贸委在内的职能部门,最终"革了自己的命"。有创新精神和改革实践推动的地方,或改革条件较为成熟的区域,如深圳和温州等,往往会被选为国家社会组织改革创新综合观察点和民政综合改革试验区等,给予改革更大的推力。

社会性动力。随着行业协会数量的增加与社会各界对行业协会期待的持续加大,市场经济的开放性与流动性与"一地一会、一业一会"的冲突日益突出,政府主导型行业协会与市场主导型行业协会的矛盾日渐显化,行业协会内部治理混乱和作用不显等持续发酵,行业协会与会员企业自身迫切要求变革行业协会管理制度,提升行业协会专业化能力与规范化水平。

地方性动力。广东、深圳的改革,除了经济外贸依存度大的因素外,在相当大程度上是受到了香港经验的启发。温州改革的持续发力,既与其作为温州模式的起源与扩展相关,亦与其"温州经济"与"温州人经济"的分离有关。制度变革的持续发力,需要在政府、市场、社会三个领域不断挖掘改革动力,需要在中央和地方两个层面形成合力相互推进。

西方政治伦理问题研究

- 社会自由的限度
- "自由"的当代境遇
- 从古典政治看世界生活的现代性问题
  ——以"苏格拉底之死"为视角

社会自由的限度

周谨平 [*]

　　自由一直以来都是最重要的社会价值之一。我们都希望能够在社会生活中实现自由发展。但自由又必然受到社会生活的限制,没有不受约束的无限自由。那么在社会生活中,自由的限度在哪?哪些理由可以合理地对自由进行限制?因为,如果我们不能设立自由限度的标准,则作为社会权利的自由随时都可能受到威胁。此外,在我们的社会生活中存在着诸多的价值,自由价值与这些价值在特定情况下也会产生矛盾。即便自由价值内部,由于自由主体的差别,也并非总是协调统一的。这就需要我们明确自由的限度。

一、自由的实现不以侵犯他人自由为代价

　　由于每一个自由主体的期望、偏好和利益需求都是不同的,因此在自由的实现过程中难免出现相互的紧张。社会自由本质上是一种社会权利,这项权利对于所有社会成员而言都是必须受到维护和保障的,即自由权利的平等。因此,任何社会主体对于自由权利的行使都要防止对他人自由权利的侵犯。显然,法律法规和各种社会规范的确立为自由权利的正当行使提供了准则,但即便在这些社会约束之内,也存在着自由的矛盾。诺奇克提出了基于自由的正义原则,这一原则由三部分组成:第一部分是持有正义,即对于物品和资源的占有不会伤害他人的所有权;第二部分是转让正义,即人们可以自由支配以正当方式获取的利益,可以将财富转让给任何自愿选择的对象;第三部分就是满足上述两个原则,那么就实现了正义价值。但是即便满足诺奇克的正义原则,也可能对他人造成伤害。金里卡举例说如果有一片土地,居住着两个人,假设为 A 和 B,他们通过商量的方式决定 A 拥有这片土地。不过 A 要向 B 支付补偿费用,而且许诺 B 有权参与这片土地的经营——作为 A 的雇佣者。按照诺奇克的原则,A 对于这片土地的获取和经营是

　　* 周谨平,中南大学公共管理学院副院长、教授,第二届中国十大杰出青年学者,主要从事伦理学、政治哲学、生命伦理学研究。
　　本论文系国家社科基金后期资助项目"社会治理的政治哲学话语"(16FZX030)、湖南省哲学社科基金项目"创新社会管理的政治伦理研究"(13YBA337)研究成果。

正当的。但是,A 对于土地的占有实际上削弱了 B 的自由。由于失去土地,B 只能接受 A 的补偿和 A 所提供的工作。对于土地的使用完全取决于 A 的意志,而 B 则只能被动接受 A 的选择。A 的自由对 B 构成了限制。马克思对这一问题的洞见则更为深刻,他从社会整体的角度看到一部分人自由地攫取财富,最终导致了两个对立阶级的诞生。因为这种"自由",一部分人自由地掌握巨额财富,这些财富成为资本,从而可以自由地雇佣劳动;另一部分人则在"自由"中丧失了手中的资源,沦为无产者,最终只有出卖自己劳动的"自由"。无论是金里卡所理解的土地分割,还是马克思对于资产阶级和无产阶级产生根源的分析,我们都看到了自由的竞争与剥夺。但是似乎我们又每天都在自由中与他人形成竞争的关系。比如消费自由,看起来也许消费只与自己的消费能力和自由权利相关,但是消费中,人们总是期待购买到好的,或者更好的商品。比如房产的买卖,一些生活更为便利、配套设施更好的地段总是受人追捧,也往往伴随着高昂的价格。在自由的消费中,那些拥有更多财富的人可以消费这些优质房源,从而享有独特的空间和怡人的环境。而那些低收入者对于这些优质的空间就失去了自由分享的权利,或者说他们获取空间的自由在消费的竞争中受到了挑战。那么,自由是否必然会导致对部分人自由的限制? 不论是金里卡土地案例,还是资本垄断,根本问题在于,一方的自由没有为其他人留下足够的自由空间,故而形成自由的零和博弈。金里卡援引了洛克对此问题给出的答案:"如果我们将'足够多和足够好'的资源留给他人,我们就有资格占用一些外部世界。吻合这条标准的占用行为就没有侵犯他人的平等,因为他人并没有因为这个占用行为而被迫处于不利地位。"①同样的标准也适合对于自由的检验。

其一,任何一种自由的行为都必须相容于他人的类似行为。罗尔斯在其正义原则的第一原则中就提出:"每个人对与其他人所拥有的最广泛的基本自由体系相容的类似自由体系都应有一种平等的权利。"②自由必须接受自由的检验,如果一种行为主体不能接受该类行为的后果,或者因为这类行为而伤害自由权利,这种行为就与自由权利相悖。比如奴隶制,我们是否可以自由地达成拥有奴隶的协定? 如果套用此原则,显然奴隶主不会接受他人奴役自己的行为,所以奴隶制不能通过自由的方式予以达成。在社会生活之中,在法律和社会规则之外,为人们留下了广阔的自由空间。但是一旦我们踏进社会生活之中,我们的言论、行为都会对他人产生影响——不论是直接还是间接的。当我们享受自由权利的同时,我们也必须承担自由的责任。这种责任在于,我们必须考虑行为后果对于行为对象或者相关者的影响,要确保这种行为不会侵犯他人的自由。在我们的

---

① [加]金里卡:《当代政治哲学导论》,刘莘译,上海,上海三联出版社,2004 年版,第 209 页。
② [美]罗尔斯:《正义论》,何怀宏等译,北京,中国社会科学出版社,1988 年版,第 56 页。

社会生活中,如何合理享受自由的权利已经成为大家所关注的问题。我们的时代是一个强调自我主体性、宣扬个性的时代,我们总是通过自己的行为彰显自己的价值偏好、审美和个性。但是这也带来了公共生活的随意性。比如在公路上经常有随意变道、迎面开启大灯等不文明的现象。这些行为并没有被社会强制禁止,但却会对他人产生负面的影响。显然,如此随意的自由并不是健康的呈现自由权利的方式。在某种意义上,这些行为都限制了他人的自由——随意在公路上变道让其他驾驶者无所适从,他们的驾驶自由因此受到威胁。同样,自由相容性原则也可以解释为什么不能在公共场所吸烟、大声喧哗等问题。

其二,自由行为不能削减他人的自由空间。一方面,我们不能把自己的价值标准作为社会标准,以此来限制他人的自由;另一方面,我们在自由行为中要充分考虑他人的自由空间。近年来,玉林吃狗肉的风俗引发了社会争议。随着狗普遍性地成为人们的宠物,很多人开始对吃狗肉进行抵制和抗议。这一现象最大的问题在于,与狗产生何种情感、和狗之间建立怎样亲密的关系都属于个人自由的范畴。毫无疑问,任何人都可以自由选择自己喜爱的食物与生活方式,爱狗的人当然可以选择不以狗为食。作为私人交往,这种偏好也可以得到别人的尊重与理解。但是,如果把自己的偏好作为价值标准,以之限制他人的生活,就破坏了他人的自由空间。人们不禁要问,我们的自由为何因为他人的喜好而被侵犯?套用罗尔斯的话而言,我们的自由生活应该如同射箭,而不是篮球或者足球这种对抗博弈。在射箭的过程中,我们各自瞄准自己的目标,采用自己认为最好的方式追求个人目的,而不关注、影响他人。而篮球或者足球则是对抗性的运动,不但自己要发挥高水平,还要限制他人的发挥。前者是以尊重互相的自由为前提的竞争,后者则是限制他者的竞争。熟人社会因为大家的交往方式,通常会高度关注他人,并且对他人的行为进行价值评价。当然,陌生人社会同样需要关切他人,但我们应该把关切置于合理的范围之内。我们关心的是他人的公共生活,而不是私人生活。唯有如此,我们的自由才可以避免相互伤害。

更复杂的问题无疑是第二方面。这类似于洛克对资源占有所设立的原则。那么,如何才能在自由行为中为他人留下了充分的空间呢?此问题难就难在社会资源的有限。按照自由的原则,每个人都能随意挑选自己满意的商品。但是那些拥有更多财富的人,他们选择的范围无疑更大,因为消费的自由必然与消费能力密不可分。正因如此,当今社会出现了公共空间私人化的趋势,而消费购买则是私人化的重要实现方式。比如餐厅是一个公共领域,但是我们可以通过预订包间的方式在其中占有一片私人的空间。风景秀丽的自然环境也是公共空间,但我们可以凭借购买房产或者土地的方式于其中享有私人的份额。就公共空间而言,掌握财富越多的人其空间的选择性也更强。那么这种选择是否一定是不合理的?自由选择的多少在何种条件下是人们可以接受的,在何种条件下又是存在合理性问题的?比如对城市空间的占有,假设富人选择了自然环境更好或者生活更便利的地区,或者他们所支撑的空间价格让贫民无法承受,那么这些房屋空间实际上对另一部分人是关闭的。但这种关闭并不一定缩小了其他人的选择自由。因为也许在私人空间之外的一些空间还是对所有人开放的,其他人在这片地区之外还有充足的空间可以选择。那么,我们不能说这种自由购买对他人自由产生了排斥。只有当社会贫富差距过于悬殊,很多人的消费能力已经不能进行自由选择的时候,这种自由才是有问题的。以金里卡批评诺齐克的例子而言,如果 A 和 B 不是在一片土地的限制环境下,除了这块土地,B 还可以选择持有其他土地,那么 A 对土地的占有就没有减少 B 的自由。根据这一原则,当自由达到了垄断状态时——无论是个人自由还是群体自由,这种自由就需要加以限制。经济垄断的危害已经为人们所熟知,这种行为也受到了严格的约束。但垄断不限于经济,也涉及文化、生态、权利等领域。我们所要防止的是在自由名义下导致的各种垄断,比如马克思对于阶层的划分在某种意义上就是对于资本垄断的反抗。

二、自由应该满足社会平等的诉求

自由和平等既相辅相成,又具有内在张力。自由与平等的统一在于:没有自由,就没有平等;平等是基于自由的平等。因为一旦没有自由的前提,自由的不对称就会导致不平等。而不平等的社会结构也必然导致部分人对另一部分人自由的限制。但是,在社会层面,社会平等又对个人自由形成了制约。在某种意义上,社会平等的实现需要对个人自由的合理限制。

完全的自由隐含着不平等的危险。古典自由主义者对自由的挑战保持着高度的警惕,也因此将自由作为至上的价值予以倡导。经济自由和竞争自由集中表现在古典自由主义者的社会构想。他们认为,社会应该由人们的自由行为来推动,所以提出了市场经济模式。按照斯密的设想,每个人的理性都是有限的,每个人都是精明且自私的,会力争自我利益的最大化。因此,每个人在有限理性可以照见的范围内自由选择交易商品、交易方式和交易对象,最终在个人利益最大化的同时实现社会资源的最优化配置。这是从个人自由走向社会最优的路线。诚然,这种自由的方式尊重了每位个体的主体性,并且在尊重自由中激发和保持了社会活力,成为有史以来最高效的社会生产方式。但是,这种社会运转机制也衍生出不可忽视的问题。最大的问题在于,市场并非斯密所预设那般信息对称,人们可以随时对市场变化进行反应和调节。而且,市场也绝非一次博弈,而是处在连续博弈之中,市场财富的累积效益和"滚雪球"效益日益明显。与之相伴的还有市场失灵。显然,市场并不能独自带来稳定的社会秩序。市场分化也越来越明显,聚集了更多财富的人在市场竞争中处于明显的优势地位,资本"雪球"的体积越庞大,资本增值的幅度也越明显。于是,社会的贫富差距开始拉大,最终出现了少数人掌握社会大多数财富的现象。经济收入的差距本身并非不可接受。如果较低收入者也能享受充分的社会保障,和高收入者一样享有平等的社会权利,差距本身就无可厚非。但是当经济差距延伸到权利领域,延伸到自由领域,这种差距就需要引起重视,并且需要填补。

在市场经济的自由之中,经济差距的扩大最终演变为社会机会的失衡和社会权利的不对称。我们都认为,任何人都应该有自由发展的权利,每个人都可以接受平等的教育,自由选择未来的前景。更重要的是,我们在自由选择和自由竞争中应该和他人处于平等的地位。但我们却看到,社会上低收入家庭的孩子无法像富有家庭一样享受优质的教育,拥有充足的自我发展资源。财富的贫乏让这部分人只能获得非常有限的教育、卫生等资源,他们在人生成长之初便站在较低的起点。但是他们所处的环境并非他们自己所造成和选择的。由于原生运气的影响,这些孩子即便具备天赋也无力发掘。湖南某电视台制作了一档节目叫作"变形计"。节目在城市小孩中选择最顽皮和成绩最差的去乡村体验生活,选择乡村成绩最优秀但家境贫寒的学生来城市感受不一样的世界。令我印象最深刻的不是两个世界孩子环境互换后的强烈反差与内心感受,而是很多乡村最优秀的孩子无法融入城市教育,其中很多人不能通过城市同层次的教育考试。这绝不是个人努力不够所带来的结果,而应归结为成长环境造成的巨大差异。不难想象,一个贫穷家庭的孩子只能购买极为有限的图书,他们入读的学校缺乏先进的教学理念、硬件设施和优质的师资队伍,他们即便用功学习,学习效果也将受到严重限制。他们面对这样的困境,很难说是公平的。显然,他们发展的自由并未在生活中得以实现。外在环境成为他们实现自由的瓶颈。相反,那些出生于富裕家庭的孩子则可以充分自由地选择自己的生活,追逐自己的理想和目标。

此外,经济的不平等也造成了权利的不平等。因为任何权利的实现都离不开社会资源的支持。即便在法律层面,富有的人可以聘请优秀的律师团队,对社会舆论产生更大的影响力,从而在法庭博弈中占得先机。著名影片《十二怒汉》不仅为人们演绎了8号陪审团成员精湛的推理能力和雄辩的口才,更展现了在美国法制体系下贫民的权利劣势。那位贫民窟小孩因为无法支付高昂的律师费用,他的律师几乎没有为他做有效辩护。就社会参与权利而言,拥有更多财富的人也更容易参与公共事务并且在其中发挥主动的作用。如果我们不对自由加以正当的限制,任由人们自由行动,那么处于社会两端成员的自由必然失衡。

因此,自由需要保障社会的平等,即人们平等享有自由的权利。在此,我们期望自由能够符合罗尔斯所提出的原则。罗尔斯指出,一种不广泛的自由必须有益于加强为全体社会成员所分享的自由体系,一种不平等的自由必须为那些自由程度最低的社会成员所接受。

第一种平等自由原则是,当人们因为社会资源的占有或者生理、天赋的优势而扩展自己的自由空间时,这种自由优势的利用必须有益于社会全体成员的自由。那么,我们可以证明为什么高收入者需要多缴纳税款。诺齐克的著名案例提出当时美国篮球明星张伯伦的高薪源自他的天赋和努力,所以应该有自由支配自己财富的自由。没有人能够强求分享他的财富,即便以国家之名也不应如此。诺齐克的结论在于,国家征税是对高收入者自由的伤害。但是这种论证很难经受罗尔斯原则的检验。高收入群体的收入如果不经过二次分配,他们最终将扩大自己的自由领域,并且很可能形成自由的特权。收入高度聚集会不可避免地造成阶层掠夺。特别在商业社会之中,越来越多的社会资源可以通过商业交换成为私人物品,高收入群体在消费、投资过程中就会将社会优质资源据为己有,而人数众多的中低收入者则只能分配少量的社会资源,引发自由的资源挤兑。只有进行征税,把税收用于公共建设和对处于不利地位群体的转移,才能让社会不利群体也获得足够的资源实现自由权利,从而实现平等的自由。根据这一原则,我们也可以鼓励社会捐助的自由,显然这种自由应该更多为高收入群体所享有,因为他们具备践行自由的能力。当然,在财富二次分配过程中,我们也必须保证这种调整不会伤及被分配群体的选择自由。如果税收太高,甚至采用平均主义式的分配方式,则会完全消除不同收入阶层在个人努力等应得层面的自由权利。换言之,税收等财富转移的后果不应是缩减转移主体的自由范畴。

第二种自由原则则是保证任何自由所导致的不平等不会加剧处于社会弱势地位者的不利形势。在我们的社会中,总是有些成员拥有更高的自由度。因为我们在现实生活中自由权利的实现,总是或多或少地受到个人特质、社会资源等方面的影响。比如健康的人就比残障人士更容易实现自由权利,他们生理的优势能够让自己拥有正常的自由空间。而残障人士的自由必然受到身体缺陷的干扰。这种自由的劣势无论给予怎样的社会帮助都可能难以弥补。有的人也许拥有更高的天赋或者更好的运气,这也意味着他们自由发展的限度要高于其他社会成员。还有上文所提及的消费自由,这种自由很大程度上由个人可支配收入所决定。收入的多少也导致了自由的差异。关键在于,这些不平等的自由不能加剧自由弱势者的困难处境。这就要求我们在社会生活中不能纵容不平等自由的优势转化为社会生活的特权。虽然人们在健康、才智、财富等方面存在显著的差别,也因此具有不同的自由能力,但是这类能力不能变成进入公共生活、把握社会机会的门槛，如在就业、招生等方面只向身体健康者开放，或者让他们在竞争中获得优秀资格。

三、自由需要与政治共同体身份相协调

自由具有两种形态，一种是消极的自由，一种是积极的自由。消极的自由是一种免责的自由，即人们有免于承担不合理社会责任、免于受到他人强制的权利。积极自由则是参与的自由，是参与公共生活并在其中完善社会成员人格的权利。我们每个人都被赋予了政治共同体成员身份，对于我们而言，国家就是最大的政治共同体。因为国民身份是我们最基本的政治身份。这种身份绝不仅仅是一个自我定位的符号，更决定了我们在政治共同体中扮演的角色、承担的义务。由于政治共同体的独特性——任何国家都有独特的历史、文化、经济结构、社会形态和时代需求，所以政治共同体身份也具有特定的内涵。因此，处于相应政治共同体的成员必须担负对共同体的责任。这种责任也成为社会自由的边界。

那么，为何政治共同体的责任不能以消极的方式予以免除？因为身处政治共同体的我们随时随地都在享受政治共同体的权利，而权利与责任是对等的。我们之所以能够坦荡地行走在街道，可以预期安排我们的人生，并不是因为我们足够强大，也并非因为我们拥有先知的远见，而是因为我们在任何时候都得到政治共同体的保护，得到政治共同体的承诺（这些承诺多数情况下是以政策、制度的方式表达的）。我们对于自我以及家庭的预期和安排都基于政治共同体成员身份所进行。唯有如此，我们才能知道何时可以享受义务教育，何时可以参与工作并按时领取薪金，何种条件下可以享受社会福利和保障。正如马克思所言，我们是社会关系的总和，而非原子式的孤立存在。在享受社会权利的同时，我们也必然承担共同体责任。

共同体的首要责任就是热爱共同体，维护共同体的延续和发展。就我国而言，热爱自己的国家就必须拥护社会主义制度，坚持党的领导，在任何情况下维护国家的主权和尊严。虽然我们有言论和行为的自由，但我们的言论、行为必须与社会主义意识形态保持高度一致，我们的言行不能侵犯国家主权和国家利益。共同体所确立的基本价值成为所有成员采取一致行动的基石，成为人们共同努力的方向，代表了大家根本价值诉求。因此，任何自由都必须在核心价值框架内展开。站在人类整体的视角，我们也能发现人们普遍认同的价值和标准。这些价值在人类整体范围内构成共同体观念形成的基础。所以在任何角落，如果有人抛出有违这些基本价值的言论，或者发生相关行为，比如支持种族歧视、反对人道主义等，都会受到大家的批评、反对和唾弃。在现代社会中，人们由于过分关注消极的自由,往往忽视了个人作为社会成员的自由边界。一些人认为言论自由就意味着可以在公共空间随心所欲地发表意见。在私人空间,我们固然承认人们有言论的自由,然而一旦进入公共领域,这种自由就是一种有限的自由,不能挑战社会的价值底线或者威胁共同体的团结。

此外,共同体要求人们以主动的姿态参与社会生活,实现积极的自由。消极自由与积极自由就如硬币的两面,虽然有着分属的范畴,但却不可分割。当前社会生活对于积极自由有着更高的期待。康德将理性作为积极自由的依据,因为理性,人可以为自己立法,从而可以免除外界的强力而享有完整的自主性。① 依据这种理性,我们可以洞见道德的原则和律令,按照道德理性的要求实现自我谋划。社会成员也可以凭借理性认识应当遵守的社会规则,以及个人对共同体的责任与义务,并且规划社会中的自我实现。我们正经历社会从管理向治理的转型,治理是责任共担、相互合作的过程,所以每一位社会成员都是治理的主体,也就享有治理的自由。人们对社会生活、公共事务的热情以及承担责任的自由决定社会治理能力与治理水平。不论是消除贫困、照顾弱势群体还是社会基层自治,都需要借助广泛的社会力量。积极自由则是形成社会合力的核心动力。它意味着我们要把自我选择与社会需求自觉联系,发挥自己的主观能动性,通过治理参与实现个人的自由发展。我们可以通过自由加入公益组织、志愿者组织、社会自治组织等形式,按照自己的意志为社会做出贡献,为社会发展提供自由的支撑。

---

① Nobel Ang, "Positive Freedom as Exercise of Rational Ability: A Kantian Defense of Positive Liberty", *J Value Inquiry*, No.48(2014), p.2.

"自由"的当代境遇

徐正铨 *

近代以来,随着自由主义的兴起,"自由"越来越成为一个日常的词。以至于最经常的是,人们习惯性地把"自由"作为一种对某种状态的描述。然而,"自由"到底是一个异常复杂的哲学概念,不同的哲学家对它的性质与含义有着相当不同的理解,并由此形成了各自不同的自由观念。基于聚焦点的不同,有关自由的理论大致可以分为意志自由理论和行动自由理论;基于视角的差异,自由实际上可以分为本体论自由、道德自由和政治自由。① 就政治自由而言,它显然属于行动自由理论,但又和本体论自由,尤其是道德自由存在着紧密的联系。而在政治自由的范畴内,最为著名的自由概念依次有:贡斯当的"现代人的自由与古代人的自由"② 之分、柏林的"积极自由与消极自由"③ 之分和罗尔斯的"基本自由和非基本自由"④ 之分。从"古代人的自由和现代人的自由"的提出,到"消极自由和积极自由"的发展,再到"基本自由优先性"的强调,其一以贯之的是:现代人对自由之路的不断探索。正如贡斯当所言:因为我们生活在现代,我们要求一种适合现代的自由;我们是现代人,我们希望每个人享有自己的权利。⑤

一、悬而未决的自由问题

每个时代都有自己的哲学主题,决定这一主题的理论因素是为了解决前人留下的哲学难题,而其实践因素是按时代的要求尝试处理该时代提出的重大问题。至于我们处身

　　* 徐正铨,吉林大学哲学社会学院博士研究生。
　　本论文系教育部人文社会科学重点研究基地重大项目(16JJD720008)研究成果。

　　① 姚大志:《行动自由理论:分析与检验》,《求是学刊》,2018 年第 2 期,第 65—71 页。
　　② [法]邦雅曼·贡斯当:《古代人的自由和现代人的自由》,阎克文、刘满贵译,冯克利校,上海,上海人民出版社,2005 年版,第 31—51 页。
　　③ Isaiah Berlin, *Liberty*, New York, Oxford: Oxford University Press, 2002, p.168.
　　④ John Rawls, *Justice as Fairness*, Cambridge, MA: Harvard University Press, 2001, p.44.
　　⑤ [法]邦雅曼·贡斯当:《古代人的自由和现代人的自由》,第 45 页。

的这个时代,留下的哲学难题和面临的重大问题依然是自由。① 也就是说,当代西方政治哲学的核心问题还是自由。约翰·罗尔斯(John Rawls)的《正义论》虽然推动了平等主义在半个多世纪以来的复兴,但这并不意味着当代政治哲学主题词已向"平等"转换。因为,自由问题依然悬而未决。平等主义的当代复兴所表征的正是人们为解决自由问题所做的种种努力。自现代以来,平等和自由就是最重要的政治价值。如果说正义就意味着平等,那么是"什么"的平等。如果说"什么"指向了平等的"通货",那么这些"通货"的用途是什么,即平等主义者们期望为每一个人争取到这些"通货"上的平等其背后的用意是什么。我们认为,平等主义者最基本的用意就是解决自由问题,而且是解决自由的实现,尤其是自由的平等实现的问题。如果说密尔之后自由问题得到了解决,那也只是在权利层面上解决了自由的平等赋有的问题,至于权力(能力)②层面上的自由的平等实现的问题则留存至今。罗尔斯敏锐地捕捉到了当今时代中自由问题的症结之所在,即自由遭遇了严重的危机。这种危机的实质是:人与人之间在"自由的价值"上的不平等阻碍了他们所赋有的自由权利的平等实现。换言之,正是自由在能力面向上的不平等造成了自由实现在权利面向上的形式化。平等主义的复兴就是基于对当代现实中自由危机的深度关切,期望探索出一条能够最大限度地、实质性地推进自由之平等实现的可行性之路。这样的探索之路,其主旨就是克服自由的危机,并且将其关键聚焦于如何在历史处境、时代要求和现实需求等多重因素的考量中实现平等的自由。

　　"自由的危机"是关注"自由"的每一个人"所面对的"首要问题。事实上,危机问题由来已久,马克思及其传人曾力图解决这一问题,提出了自己的思路并将之付诸社会实践。至于这一解决思路及其提供的具体方案是否成功则是另外一个问题。在当代,该问题由罗尔斯重新提出,并提供了其"作为公平的正义"这一新问题的解决思路。同时,又因为罗伯特·诺奇克(Robert Nozick)对罗尔斯思路的激烈反对、强烈质疑,"自由的危机"问题变得更加凸显、更为迫切。此问题就这样因其解决的不易而再次成为历史遗留的著名难题。这种"危机的深刻之处"表现为"自由所经受的内在、外在的冲突和自由对自身的背叛"。在"自由的冲突"中自由的地位受到了挑战,在"自由的背叛"中自由的价值受到了质疑。正是这种"挑战"和"质疑"的存在构成了"自由实现"上的"困扰"。由于"困扰"集中表现为自由的冲突和背叛,如果能够处理好这两方面的问题,那么自由实现的难题

---

　　① 参照以赛亚·柏林对"自由"的理解,本文也在同一意义上使用 liberty 或 freedom(Isaiah Berlin, *Liberty*, Oxford: Oxford University Press, 2002, p.169)。

　　② 我们在 power(洛克)、capacity(罗尔斯)、capability(阿玛蒂亚·森、纳斯鲍姆)的意义上来表达自由在的权力、能力面向,至于行文中具体将这一面向表述成"权力"还是"能力"则视具体语境而定,但其实指是就同一个层次而言的。

就能得到较为彻底的解决。

"自由的危机"明确指向"自由的实现",指向自由实现过程中自由所遭遇的"内外冲突"以及"自由权利"和"自由权力(能力)"的断裂。"冲突"的存在意味着我们需要在不同的价值间做出优先性的次序安排,需要我们在现实自由的过程中突出优先价值、包容不同价值。"断裂"则意味着我们应该兼顾"自由权利"与"自由权力"的双重面向,注重"权利"的平等行使,关切"能力"的生成、"资源"的供给。"自由权利上的平等"与"自由权力上的不平等"之间的失衡是导致"自由实现"成为难题的关键。因为现代社会中"自由的实现"问题背后隐含着"平等实现"的基本要求,并且对其中的"每一个人"来说这种"平等的要求"不能仅仅停留于"形式",而要不断地向"实质上"的平等迈进。"自由的实现"其社会现实意义在于这种"实现"是"平等的实现","自由的实现"的艰难也在于这种"实现"是"平等的实现","自由的危机"正是由"自由的实现"能否"平等的实现"并且是"实质上的平等实现"所引发。

至于如何化解"自由的危机",则必须回到现实的处境中来。从理想层面的希求"在实质上平等地实现自由"的可欲性维度,返回到现实层面的"具体社会历史条件下"的可行性维度,考量现实生活所要应付的多重价值共存的局面,正视现代民主社会理性多元的基本实情,在冲突的世界中协调诸多关系和平衡各种利益。因此,基于"自由实现"的可行性视角,其最理性的实现方式就是"最大限度地"实现"实质上的平等的自由"的方式。这就关涉到"自由的冲突",而面对自由的冲突问题,通常的解决思路就是确立一套优先规则,然后按照规则行事。罗尔斯提出"基本自由优先性"的思路,就是为了解决"自由的冲突"、"自由的背叛"和"自由的实现",但由于自由的"冲突"与"背叛"是在其"实现"的过程中发生的,所以"自由的实现"问题的解决也就意味着对自由的"冲突"与"背叛"的问题的解决。正是通过对"自由的背叛"的深刻反思罗尔斯发现了自由实现"难题"的病灶之所,而借助于对"自由的冲突"的细致分析也确定了解决这一"难题"的基本思路。

在当代政治哲学论域中,诺奇克和阿玛蒂亚·森(Amartya Sen)分别从权利和能力这两个方向,对自由进行了深度阐释。遗憾的是,他们各自抓住的只是自由的一个面向。倒是罗尔斯以其"两个正义原则"兼顾了自由的两个面向:以"平等的自由原则"看顾权利,以"差别原则"(若非特别标注,文中提及"差别原则"时均以广义而言)①看顾能力。并基于对过往历史经验,对于人是否能够"理性控制'能力'"的信心不足,安排了两个正义原则之间的"词典式次序"。这些都充分表明了罗尔斯自由思想的伟大之处。因此,自

---

① 罗尔斯的两个正义原则其实包含三个原则,它们分别是:平等的自由原则、公平的机会平等原则和差别原则。这三个原则中的最后一个原则就是狭义的差别原则,而前两个原则统称为广义的差别原则。广义的差别原则与平等的自由原则相对应,是两个正义原则之一,它包含公平的机会平等原则和狭义的差别原则。

由仍然处于被解决的行程之中,而它所注视的关键就是:如何理解自身,即如何看顾自由之"价值"与"事实"这两个向度。过往的自由论述,至少对古典自由主义者们来说,他们大多沿着权利话语的言说路径,普遍存在着"重价值轻事实"的基本倾向。这一局面在罗尔斯之后才出现转机,他在其正义理论中对"实质正义"的强调、对"自由"和"自由的价值"的区分、对"差别原则"的解释,都表明了他对自由之能力面向的关注。也正是在罗尔斯的启示下,经森和玛莎·纳斯鲍姆(Martha C. Nussbaum)的努力才真正开启了能力话语的当代叙述,自由的能力面向才开始从其权利面向背后浮现,并逐渐清晰。从而,才使得对自由概念的整全性把握成为可能,使自由在作为价值性向度之权利和事实性向度之能力的双重面向下走向统一。

罗尔斯以对基本自由的界定以及优先问题的分析为起点,展开对"基本自由优先性"命题的论述,依次阐述了这一命题所力图解决的三大问题,并做出了"基本自由优先性"的三重证明,主张以其"作为公平的正义"来实现自由权利从"平等的赋有"到"公平的实有",以便解决自由问题在后密尔时代最大的危机。他提出了"基本自由优先性"的解决思路,借助于"两个正义原则"及其词典式优先次序,来兼顾自由实现中的"权利"与"能力"这两个面向,即他所强调的平等的"自由"和公平的"自由的价值"这两个维度,坚持用差别原则关切"自由的公平价值",以助益于"平等的自由"能够获得实质上的平等实现。并且,在他看来,如果实现社会正义的关键是制度,社会正义必须由制度来保证,那么社会正义的实质就是"如何以制度化的方式解决好自由的平等实现问题"。罗尔斯,就是凭借这种制度主义的进路,为人们贡献了一幅"化解当代自由危机"、"破解自由实现难题"的基本路线图。

二、人及其处世境况对自由意味着什么?

关于自由的探讨,可谓源远流长。然而,这种探讨有一个天然的框架,即它落实于人对其自身的理解及其处世境况的领会。只有依循这个框架,才能使这样的探讨超出理论陈述的界限而抵达生活世界的实践场域。在当代,自《正义论》起,由罗尔斯所开启的自由主题的探讨所依托的框架就是他对人及其处世境况的独特把握。具体而言,就是罗尔斯的"人的理念"和"社会合作"观念。那么,这两者所构成的到底是一个怎样的框架?

首先,是"人的理念"。在人的自我理解上,罗尔斯作为一个忠实的康德主义者,他坚持认为"人是一种自由、平等的理性存在物"①。在这个框架中"理性"成了人的首要规定性。人是理性的(reasonable),意味着人应该按照"可普遍化"的原则行事,"要只按照你同时能够认为愿意它成为一个普遍法则的那个准则去行动"②,要"推己及人",应该"己所不欲,勿施于人";要懂得尊重包括自己在内的每个人的自由,能够兼顾他者利益,在行使自己的自由权利时不侵犯他人的正当的自由权利,在获取自身的利益时不损害他人的合法利益,在追求个人的权益时服从正义的约束;能够选择或接受公平的合作条款,并且当预期别人能够接受和履行这些条款之时,自己也应该承诺履行它们,即使履行这些条款会使自己的利益受损。同时,罗尔斯作为一个坚定的自由主义者,他认为自由是人的内在规定性。基于人性,自由属于人类的权利,而其他动物则不具有。"自由"作为人的内在规定性意味着:人不为自然偶然性和社会任意性所影响,不受需要和欲望所决定,人应该只服从于自己的法则;人不受任何客观必然性的支配,不为外在对象所统治,人具有自由选择的能力;"我们是什么和我们能够成为什么"则是"我们自由选择能力"的充分表达;"选择的可能与否"是"自由之有无"的前因,"责任的大小"是"自由之多寡"的后果。因此,"自由"联结着"选择"与"责任",在一个自由的正义社会里人们应当而且能够"不被""非选择性"的自然偶然性和社会任意性影响各自的生活前景。这样"自由"就成了这个框架的第二重规定。再者,罗尔斯作为平等主义的自由主义者,他所主张的平等指向的是道德人格的平等。他认为,人应该成为完全的、正式的、终生的社会合作的平等成员。而道德人格的平等是参与合作的社会成员之间能够进行合作的基本前提,这使得人们能够在参与社会生活的过程中扮演某种角色,也能够在其中履行和遵守各种权利和义务;道德人格的平等也是"你在任何时候都同时当作目的,绝不仅仅当作手段来使用"③的具体体现,它所表明的是人们期望彼此将对方当作自在的目的来看待的意愿。"人是目的"所强调的是:人只有被平等地对待才是正当的。而"平等"就是在"人是目的"的规定性中成了这个框架的第三重规定。又之,罗尔斯作为深受英国经验主义的自由传统侵染的思想者,他诚恳地认为,每个人都有正当地追求和满足自己的合理欲求的权利。在此意义上,人是合理的(rational),意味着:人能够在理性的指导下去追求自我利益的实现,这是一种应该予以肯定的"合理的自利",需要承认个人欲望的满足具有某种程度的合理性。这也意味着对人的自利性的坦承,申明着每个人都有权利追求自己的合法权益。因此"合理性"也就成了这个框架中的又一重规定。

其次,是"社会合作"的观念。在对人的处世境况的领会上,罗尔斯认为,人们处身其

---

① John Rawls, *A Theory of Justice*, Cambridge, MA: Harvard University Press, 1999, p.222.
② [德]康德:《康德著作全集》第4卷,李秋零译,北京,中国人民大学出版社,2013年版,第428页。
③ [德]康德:《康德著作全集》第4卷,李秋零译,北京,中国人民大学出版社,2013年版,第437页。

中的社会是一个相互间既有合作又有竞争的社会。"合作"的必然性在于,这个社会常常处于一种"中等匮乏"的状态。"中等匮乏"意味着相互合作的存在方式,才是一种更加有利于人们去适应这一社会状态的存在方式。换言之,与每个人单独行动相比社会合作更有利于人们的生存和生活,从而使大家都能从中受益。"竞争"的实然性在于,社会成员常常是一种"个体性"存在。这意味着他们彼此之间存在着各自独立的差异化的自我诉求,如在涉及对社会合作所产生的共同利益的分配上存在着冲突性的诉求。因此,人的处世境况的合竞共存中就暗含着人存于世的两种立场,即"非个人性"立场与"个人性"立场。着眼于前一种立场,其指向的是共同利益的生产;立足于后一种立场,其指向的是共同利益的分配。能够分配什么、分配多少,由生产了什么、生产了多少所决定,而如何分配、分配得公正合理与否,又会影响生产的效率与产品的品质。所以,人们以"社会合作"的样式所呈现出来的处世境况,在事实上涵盖竞争与合作这两个层面,指向生产与分配这两个维度,反映着人们的利益的一致性与冲突性。因而,一种能够"世代相继"的社会合作必须具有公平合理的性质,其本质特征有三:第一,这种"社会合作是由公众所承认的规则与程序来指导的,从事合作的人用这些规则与程序来适当地规范他们的行为";第二,"这种合作的理念包含了公平合作的观念,其所包含的条款表明了互惠性(reciprocity)和相互性(mutuality)的追求,即所有人都按照公众承认的规则所要求的那样尽其职责,并依照公众同意的标准所规定的那样获取利益";第三,"这种合作的理念也包含了每一位参与者的合理利益或善的理念,这种合理利益的理念规定了,自那些从事合作的人们的善观念看来,其所一直积极寻求的到底是什么"①。

最后,由此"人的理念"和"'社会合作'的观念"所构成的论述框架,对于罗尔斯"自由主题"的探讨意味着什么? 第一,就其"人的理念"而言,对"自由"的界定,将被落实于和"理性的"、"合理的"、"平等的"关系之中,在它与另外三者的关系中规定了自由的可能性及其限度。对此,罗尔斯的具体表述就是:每个人对与所有人所拥有的最广泛的平等的基本自由体系相容的类似自由体系都应有一种平等的权利。② 这一表述可做进一步的分解:人是自由的,意味着"人对自由都应有一种权利";人是平等的,意味着"人对平等的自由都应有一种平等的权利";人是理性的,意味着"人所应有的自由权利是与所有人的类似自由体系是相容的",其隐含的意思是"这种相容的自由权利"是经得起"可普遍化"原则检验的;人是合理的,意味着"平等的自由权利为每一个人所应有","每个人都有'合理的'追求各自的自由的权利"。第二,就其"'社会合作'的观念"而言,对"自由"的定义

---

① John Rawls, *Justice as Fairness*, Cambridge, MA: Harvard University Press, 2001, p. 6.
② John Rawls, *A Theory of Justice*, Cambridge, MA: Harvard University Press, 1971, p. 302.

则落实于制度性的"规则""程序",在"由公众所承认的规范体系"之中规定了自由的可行性及其现实路径。对此,罗尔斯的具体表述就是:"自由是制度的某种结构,是规定种种权利和义务的某种公开的规范体系。"①在制度性的规则与程序的指导下,人们在"自我立法"所划出的界限之内自由行动,用这些规则与程序来适当地规范自身的行为,按照规则所要求的那样尽其职责,依照程序所规定的那样获取利益;同时,制度性的规则与程序也在自由价值与其他价值或诸种不同的自由价值发生相互冲突时,给它们做出明确的价值排序。而罗尔斯的这种依托于制度性规范体系的自由价值排序,所表达的核心就是他的"基本自由优先性"思想,并且表明了这一思想的提出其理论旨趣所指向的就是"自由价值的实现"难题,或者也可将之简洁地表述为:自由该如何实现?

三、"自由实现"的当代难题

现代社会,自由是否已经得到实质性的平等的实现,即自由的问题解决了吗?——这并不是一个能够毫不犹豫地给出肯定性回答的问题。因为当前轰轰烈烈的平等主义研究,持续几十年所力图解决的平等问题,其背后所指向的仍然是自由问题,是加上平等之属性的自由问题。

自托马斯·霍布斯(Thomas Hobbes)以来,"自由"就渐渐成了哲学的核心词之一,经洛克、卢梭、密尔之后,在政治哲学领域更是成了关键核心词。即使到了当代,基于罗尔斯的独特贡献,有了政治哲学主题词从"自由"转换为"平等"的论断,但"平等"所指向的却依然是"自由"。因为"平等"不过是成了"自由"之当仁不让的最为切近的限定词而已,尽管这一限定在当代显得尤为重要。罗尔斯作为当代政治哲学平等主义转向的第一推手,他最为强调的就是"平等的自由",并以此命名其正义理论所提出的两个原则中的第一个原则,即平等的自由原则。而且,不但关于平等的众多论述大多发生在自由主义的论域之内,平等的诉求其背后的根基更是在于以权利为基础(right-based)的自由主义。而这种以权利为基础的自由主义,其基石正是罗尔斯所提出的"自由优先性"的思想。"自由的优先性"将"自由"作为一种"权利"置于相较于"功利"的优先位置,视"自由"为一种"正当"的权利以优先于功利的"善","否认为了一些人分享更大利益而剥夺另一些人的自由是正当的。"②以正当性权利之名突出自由的优先地位,所基于的正是对人自身内

---

① John Rawls, *A Theory of Justice*, Cambridge, MA: Harvard University Press, 1999, p. 177.
② Ibid., p. 3.

在规定性的深刻理解和对其处世境况的深切领会;而以自由优先性思想为指导,落实于相应的权利与义务的制度性解决"自由之现实难题"的方案,所依托的正是为公众承认的公共性的社会规范体系。这一体系由"提供了一种在社会的基本制度中分配权利和义务的办法,确定了社会合作的利益和负担的适当分配"①的正义原则所支撑。因此,就此视角看来,正义的两个原则及其优先性规则正是"基本自由优先性"思想的制度化成果,其目的是为了解决"自由现实"的实践难题。而这个难题直接相关于自由的当代境遇:"在自由的实践中,其所面对的危险是什么?"

在罗尔斯看来,自由在当前实践中存在两个方面的危险:一是"最低限度的个人自由的领域"②依然得不到保障,二是"自由的价值"找不到合理实现的可行性进路。而他的"基本自由优先性"思想的理论谋划和论证,就是为了探索出一条自由的脱险之路。

故此,"自由"依然是罗尔斯的首要关切,他毕生致力于改变的只是将这种关切的视角转向平等主义,把这种关切的范围缩小为基本自由。他强调自由的平等性,认为失去平等的自由就会流于形式,在现实生活中常常难以兑现。自由的"平等性"正是"他者的自由"或者也可以说是"自由本身"加之于自由的限定,既是人的理性加之于自由的限定,也是公正合理的社会合作的相互性和互惠性加之于自由的限定。这种"平等对自由的限定",其实质是"每个人的自由对每个人的(彼此的相容的类似的)自由"的限制,也即是"自由只能为了自由的缘故而被限制"③。同时,罗尔斯主张"基本自由"和"非基本自由",突出"基本自由"的重要性。他认为,日常的经验告诉我们,在诸多具体的自由当中,并不是每种自由都具有同等的重要性。只有那些"对于两种道德人格能力在整个生活中的充分发展和实践而言",是"根本性的社会条件"的自由④,才是具有重要地位的自由。因此,将"自由"分为"基本自由"和"非基本自由",并依照两者之间的不同地位确立"前者对后者的优先性",使"基本自由"拥有了对"非基本自由"进行限定的地位。这在本质上也是基于"自由本身的缘故而对自由进行限制"的一种方式。就此而言,"平等的自由"与"基本自由的优先性"都指向"最低限度之个人自由的保障"和"'自由的价值'合理实现之可行性进路的探索"。而且,可以发现自由在"平等"与"优先性(不平等)"之间,并不像看上去那样是冲突的,两者只是视角不同而已,它们所思虑的其实都是"自由的实现"问题,其背后所依据的原理就是"自由对其自身的限制"。

罗尔斯贡献了"基本自由优先性"的思想,一方面承续了在自由问题上的个人主义、

——————————

① Ibid. , p. 4.

② Isaiah Berlin, *Liberty*, New York, Oxford: Oxford University Press, 2002, p. 172.

③ John Rawls, *A Theory of Justice*, Cambridge, MA: Harvard University Press, 1999, p. 220.

④ John Rawls, *Political Liberalism*, New York: Columbia University Press, 1995, p. 293.

权利本位的主张,坚持"每个人都拥有一种基于正义的不可侵犯性,这种不可侵犯性即使以整个社会的福利之名也不能逾越"①,从而划出一个"最低限度的个人自由的领域"。另一方面,通过"自由的价值"概念的引入,依赖优先性规则,区分出"平等但不够广泛的自由"和"不平等的自由",创造性地打开自由之实现的可行性通路。同时,相较于邦雅曼·贡斯当(Benjamin Constant)和以赛亚·柏林(Isaiah Berlin)的自由观,罗尔斯的"基本自由优先性"在概念的表述上更加简洁,以词典式次序处理优先性问题,避免了前两者在自由概念之阐述上的某种程度的分裂,并且以"正义的两个原则"的具体呈现,排布出基本自由之实现的优先次序,克服了前两种自由论述在自由之实现问题上的语焉不详。罗尔斯以"基本自由优先性"思想为中心,以"正义的两个原则"为基础,以"公共化的社会规范体系"为支撑,富有成效地开启了对于"自由实现"难题的破解之旅;借助于制度主义的现代性主张,以规则与程序、权利与义务的方式,切实有效地标注出了"自由实现"难题的脱困之路。

四、罗尔斯的"脱险路线图"

作为后来者的罗尔斯,在自由概念的把握上,将自由看成是制度的某种结构,看成是规定种种权利和义务的某种公开的规范体系。与做了明确自由概念区分的贡斯当和柏林不同,罗尔斯对自由的理解更具整全性,它把"人——自由的行动者"、"事——决定去做或不做的事情"和"限制——所要摆脱的限制与束缚"这三个因素统一于自由,接受了杰拉尔德·麦卡勒姆(Gerald MacCallum)"三位一体"的自由概念,避免了"现代人与古代人"或"积极与消极"的两分。这种"两分"恰恰易于引发争论,而且这种争论在大多数情况下,又根本不涉及自由的定义,仅仅与冲突发生时几种自由的相对价值有关。在罗尔斯看来,无论是"古代人的自由"、"积极自由",还是"现代人的自由"、"消极自由",都深深植根于人类的渴望之中,我们绝不可能为了前者而牺牲后者,也绝不可能在丧失后者时还能保有完全的前者。② 罗尔斯主张把"自由"放在制度所确定的权利与义务的框架内进行界定,就是期望以制度的方式保有完整的自由,将两者以权利与义务的规定性,造成某种公开的规范体系,以保证准确地把握住自由概念的整全性,进而保障自由在具体实践上不再分裂或偏于一端。如此,便能理解罗尔斯为何强调:"自由是由制度确定的诸种

---

① John Rawls, *A Theory of Justice*, Cambridge, MA: Harvard University Press, 1999, p.3.
② Ibid., pp.177-178.

权利和义务的复杂集合。各种各样的自由指定了如果我们想做就可以决定去做的事情,在这些事情上,当自由的性质使做某事恰当时,其他人就有不去干涉的义务。"①而且也才能理解他对"正义是社会制度的首要价值"②的郑重申明,因为,正义制度所要保障的正是自由及其价值的实现。

在面对自由问题时,我们总是将其置于一个关涉诸多重要人类价值的体系中来讨论。而且即使在由罗尔斯所开启的当代政治哲学的问题域中,我们关注的核心词依然严重地依赖于"自由的概念"。在政治哲学的所有概念中,大概没有比自由这一概念更基本,也更难以阐述、容易引起混乱的了。③ 即使到了当代,按有的学者的说法实现了主题词由"自由"向"平等"的转换④,但"平等"所要解决的问题仍然是"自由"的实现问题,只是强调了"自由"实现的方式是"对称性"而已。两个正义原则所标示的每个人在政治资格上的平等的自由和机会均等,与资源分配上的差别对待(这里将之称为"对称性"正义观)⑤,正是基本自由优先性的具体所指。借用罗尔斯的视角,这种分析主要体现在他的"基本自由优先性"的阐述与论证中:一是以词典式的次序实现对"平等的自由原则"的坚定守护,划定一个最低限度的个人自由领域;二是通过对自由和自由的价值的区分,突显出对"自由的价值"的重视,描绘一张"自由实现"的基本路线图;三是借助于基本自由和非基本自由的两分,确立起"基本自由"的优先性地位,标识一张诸种自由优先次序的价值列表。从而,使得各方在"不太幸运的条件下",依然能够依赖按"正义的两个原则"建立起来的社会基本结构,获得"实现自由"的可靠路径。

罗尔斯的"基本自由优先性"思路在寻求破解"自由实践难题"时具有明显的优势。第一,罗尔斯的自由理论,基于对人自身的理解及其处世境况的领会,总是自觉地在人及其处身的各种关系之中来考量自由及其实现的问题。通过区分"基本自由"和"非基本自由",强化基本自由的优先地位,始终着眼于"自由实践难题"破解之路的可行性维度。这一"强化"最大限度地实现了"自由的概念"把握上的简洁化,即:以开列"基本自由清单"的方式"绕开了关于自由含义的争论",避免了自由概念的两分,如"现代人的自由"、"古代人的自由"或"消极自由"、"积极自由",给"自由的实现"所带来的不便;以更简洁的"行动者、限制、事情"这一"三位一体"的"自由概念",承续康德"意志按照道德法则行事,即

---

① John Rawls, *A Theory of Justice*, Cambridge, MA: Harvard University Press, 1999, p.210.
② John Rawls, *A Theory of Justice*, Cambridge, MA: Harvard University Press, 1999, p.3.
③ 顾肃:《自由主义基本理念》,南京,译林出版社,2013 年版,第 50 页。
④ 姚大志:《何谓正义:当代西方政治哲学研究》,北京,人民出版社,2007 年版,第 2 页。
⑤ 徐正铨:《如何渡达实质正义?——一项基于罗尔斯正义理论的考察》,杭州,浙江师范大学,2014 年版,第 51 页。

实践理性通过意志为自己立法"①的积极自由观,依托于制度性的社会基本结构,使对自由概念的把握明确在"行动者"能够行使或履行的"权利和义务的"诸种规定之中。自由就是"意志按法则行事"("事情"),在理性法则的束缚("限制")下更好地获得"自由实现"的最大可能性。第二,付诸"优先性规则"所要处理的正是理性的人们在资源"中等匮乏"的现实条件和彼此之间"相互冷淡"(mutually disinterested)的预设条件下,如何最大限度地"实现自由"的问题。因为,如果是在资源丰富、人们之间相互关爱又互不干涉的理性状态下,那么就不存在什么"优先与否"的问题。因为在此理想状态中,所有的事情都能同步同时解决,自然也就不会有"优先性问题",更不会有"优先性规则"施展的空间。正是人类社会严峻的现实状况决定了"优先性"问题始终是一个人们无法回避的问题。而对此问题有"两种简单明白而又具建设性的处理方式,一种是通过一个无所不包的单一原则,另一种是通过一批按词典次序排列(lexical order)的原则"②。以前一种方式处理优先性问题的典型代表是功利主义、至善主义等目的论理论,罗尔斯则创造性地提出了后一种处理优先性问题的方式,以解决他的作为公平的正义所核心关切的"基本自由优先性"命题。其中,"平等的自由原则"关切的是"基本自由"的优先性问题,其关键词是"权利",其优先性可表述为"权利对利益的优先";"差别原则"关切的是"基本自由的价值"的优先实现问题,其关键词是"权力(能力)",其优先性可表述为"公平对效率的优先"。而这一"基本自由优先性"的总体表述则是"正当对善的优先"。

罗尔斯所展开的关于自由的"脱险路线图",在开列出基本自由清单、阐述清楚优先性规则之后,首先,提出了"基本自由优先性"的思想,意在更好地解决涵盖"自由的冲突"、"自由的背叛"在内的"自由的实现"问题。以"优先性次序"有效地应对"自由的冲突",使"自由的价值"能够在较为具象的路线图上逐步实现;以"词典式序列"守住"基本自由"所指向的"最低限度的个人自由的领域",从而避免柏林所谓的"积极自由"对自由的背叛,"消极自由"对自由的扭曲。其次,通过原初状态的预设证成对正义原则的选择,依照原则内嵌的词典式次序与原则内容的实指构成了基本自由优先性的第一重证明,即密尔式论证;通过"正当优先于善"的理论铺陈形成对制度主义的坚持,依托于自由平等的理性存在者"意志按法则行动"的绝对命令构成了基本自由优先性的第二重证明,即康德式论证;通过"连贯性体制"的概念引入,使良序社会中每一个人的道德能力都能获得有效的实践和保护,这构成了基本自由优先性的第三重证明,即政治自由主义式的论证。最后,走向基本自由优先性的制度化的落实。即参照"四个阶段的

① [德]康德:《实践理性批判》,韩水法译,北京,商务印书馆,2000年版,第34—35页。
② John Rawls, *Political Liberalism*, New York: Columbia University Press, 1995, p.40.

序列",运用"正义的两个原则","选择最有效的正义宪法"、"能最好地导致正义的、有效的立法"和"最能导致正义的、有效的立法的程序安排",①以制度的方式明确政府的权力及其界限、民众的基本权利和义务以及社会合作的利益和负担的分配,依托于社会基本结构保障"最低限度的个人自由领域","在公正的机会均等和维持平等自由的条件下,最大限度地提高不利者的长远期望"②,在现存环境中尽最大可能地实现人们的公平的"自由价值"。

罗尔斯的自由"脱险路线图"意在启示人们,找到一条在日常生活世界中更好地实现自由的可行性道路。其实,面对"自由所深临的危险",最为关键的就在于深刻领会:人类可以信赖什么以便能够有效地处理与生俱来的自由实现的难题,人们可以凭借什么在现实的维度中筹划出自由实践的最完满的可能性,而又不至于使之走向对于自由自身的背叛。尽管,近现代以来的社会发展的历史事实一而再再而三地重挫人类追求自由、解放和进步的信心,而且,不论以自由之名对自由的背叛到了何种程度,不管在通往奴役的道路上尝尽了多少苦楚,自由的命题依然以其强大的魔力吸引着伟大灵魂对之做出深邃却艰难的思虑。罗尔斯就是其中的杰出者,他以"基本自由优先性"思想的提出,在自由及其实现的可能性的问题上给予了明确的启示:人类能够信赖"理性"来有效地处理与生俱来的自由实现的难题,人们可以凭借"正义的制度"在现实的维度中筹划出自由实践的最完满的可能性,而又不至于使之走向对自由自身的背叛。简单地说,这一启示就是由"实践理性"的道德立法赋予"个人权利"以神圣的不可侵犯性,依照对以坚定守护"个人基本自由权利"为己任的原则确立"正义的制度",基于"制度化"的社会规范体系去规范与保障"自由能力"的生成,以正当的"自由能力"的合理使用来达成"自由的价值"的公平实现,从而最大限度地解决"自由实践"的难题。

罗尔斯之后的绝大多数政治哲学家也同样面临"自由所面对的危险是什么"这样的追问。对这一问题的不同理解给出了不同甚至完全相反的答案:一部分人主张平等主义的实现进路。他们认为,自由的危险在于:平等赋有的自由权利不能平等地实有。其中包括福利平等进路、资源平等进路、能力平等进路、福利机会的平等进路等等,所有这些进路都力图最大限度地促成自由权利在实质上的平等实现。另一些人则采取一种不平等主义的实现进路。③ 具体包括,足够论进路、资格论进路和应得论进路等等。他们或者相信自由的危险在于平等的要求所主张的各种进路选择会侵犯个人的自由权利,或者坚持过往行为应对现在及未来的生活的产生影响,或者强调要对个人的责任予以追溯,

① John Rawls, *A Theory of Justice*, Cambridge, MA: Harvard University Press, 1999, p. 173.

② Ibid., p. 174.

③ 姚大志:《平等》,北京,中国社会科学出版社,2017 年版,第 364—377 页。

或者坦承现实的条件和人性的缺陷不足以持续性地支撑起一个平等主义的实现方案。但所有这些相似或相异的主张都有一个共同的理论源头：基本自由优先性的思想。

这就是，"自由"的当代境遇。

从古典政治看世界生活的现代性问题

——以"苏格拉底之死"为视角

郭吉军*

一、古典正义:神正论与人正论问题

古典诗学最典范的文本一个是史诗,一个是悲剧。《荷马史诗》书写了两个世界的英雄,希腊与特洛伊,但也书写出了两种政治世界的博弈:阿开奥斯人与特洛伊人。阿开奥斯是由政治权杖的世袭者阿伽门农作为希腊半岛的政治象征,联兵击打特洛伊。政治联军离开了各自的城邦,然后到一个异在的世界(洛亚平原)陈兵聚集。选择一种什么样的政治方式,就取决于希腊人能取得多大的胜利。他们有九个国王,也就意味着组成政治联军的分别是九个城邦。对于九个国王所治下的城邦采取什么样的政治方式,史诗中没有具体表达。但从奥德修斯回归伊塔卡的故事里面,可以看出,伊塔卡的城邦方式其实与牧洛伊的城邦方式有些近似。在史诗《伊里亚特》中,我们可以看到被阿伽门农作为政治象征引集而来的九个城邦国王,他们在特洛亚平原上其实组成了一种独特的政治形式:首先,他们有九个国王共议策略的步骤和方式(比如宙斯托梦阿伽门农)①;其次,他们有战争广场所促成的公共大会(比如阿喀琉斯与阿伽门农当众争吵)②。无论这种联合多么庞大,但如何决策共议,将战争推向胜利,则使他们必须择取到最好的政治方式,才能完成集结特洛伊联合作战的目的,并因各得其所而实现内部"正义"。

这个正义从内部来说,是论功行赏的,是不折不扣的以效率优先的法则主义,符合战争中的资本原则,而非大一统的平均主义。如若这样,战争将失去其原初动力和效率。这种论功行赏是战前议定的规则结果,说明它是民主议事的先行设定。在正义论的历史层次上说,应该是"人正论"式的。"人正论"当然是基于对"神正论"立场的反思的承应而

---

* 郭吉军,兰州大学哲学社会学院教授。

① [古希腊]荷马:《伊利亚特》,罗念生译,《罗念生全集》第五卷,上海,上海人民出版社,2004年版,第32—33页。

② [古希腊]荷马:《伊利亚特》,罗念生译,《罗念生全集》第五卷,上海,上海人民出版社,2004年版,第10—18页。

积极退化出来的。所谓神正论,即是基于神的先验立场说话,规则和模式不以人的择处和喜乐为"中心",是先行预定于这个世界的通行规则,是由神语示向的人间规则。

整个希腊在特洛伊战争中其实是违背"神正论"立场的,阿喀琉斯的怒吼,说白了,是人的呐喊。奥德修斯的呐喊,说白了是人向神讨取身位的强烈表达。英雄是半人的神,但同时也是半神的人,以"人"的坐标焕发人身上的神性,这是古典希腊英雄世界中最耀眼的光芒。阿伽门农借海伦之实陈兵特洛伊,其实是"人正论"观念被赋予的政治立场——改变世界的神定结构,通过人为的战争来改造对城邦未来不利的神言传统。无论从外部看,还是从内部看,英雄史诗所起扬的画面都将人的偶像冲动,集结到了神的面前。

特洛伊则不这样,当海伦因自己引祸而自责时,普里阿摩斯国王却说:"孩子,这不是你的错,这是神的战争。"①普里阿摩斯拥有的立场是"神定"的立场,开出问题的方式当然就是"神正论"方式。这不但出具在他们对战争理解的外部,就是特洛伊内部,他们也是"神正论"立场的居在者。赫克托尔的尸体被阿喀琉斯的跑马所虐,这是就连诸神也感到震惊的事件。这更加说明阿喀琉斯弃神的告诫不顾,因为复仇而恣意妄为,甚至狂妄到渎神的地步。而普里阿摩斯则于深夜在赫尔墨斯(传递之神)的引领下来到阿喀琉斯营帐,要求赎回赫克托尔的尸体,对尸体的无限尊重,这本身就是神性的体现。②

人正论与神正论的冲突,在古典希腊源来已久。这在悲剧世界里也体现得尤为明显。索福克勒斯的《安提戈涅》所揭晓的悲剧冲突,主要就是神法与人法的冲突,更进一步说当然就是神正论与人正论的冲突。俄狄浦斯王的两个儿子,波吕尼克斯与俄赫俄克勒斯双方战死。忒拜城邦却以忠诚与叛变两反下论。俄赫俄克勒斯忠于城邦,为城邦捐躯,理应享受国葬,是名副其实的城邦之子,是忠义英雄。而波吕尼克斯则举外兵,攻打母邦,当然是叛反,是忤逆城邦的不义之徒,理应陈尸荒野,被恶鹰叼食。于是,城邦为告诫发后,颁布命令,任何人都不得掩埋叛反者的尸体,否则与之同罪(典型的人定法,极端的人正论)。而根据传统神法,亲人的尸体若不被埋葬,灵魂将无法宁息。于是,才有了安提戈涅宁愿违背城邦命令(人定法),也要去掩埋哥哥波吕尼克斯尸体的个人冲动,而她的冲动依赖的却是"神法",神定法,亦即神正论。她认为城邦命令不符合神的正义。③

---

① 〔古希腊〕荷马,《伊利亚特》,罗念生译,《罗念生全集》第五卷,上海:上海人民出版社,2004 年版,第 72 页。

② 〔古希腊〕荷马,《伊利亚特》,罗念生译,《罗念生全集》第五卷,上海:上海人民出版社,2004 年版,第 560—562 页。

③ 〔古希腊〕索福克勒斯,《安提戈涅》,罗念生译,《罗念生全集》第二卷,上海:上海人民出版社,2004 年版,第 307—308 页。

二、人正论立场的古典培养：哲学与美德

安提戈涅以死成全了自己，但也为神正论的持守者埋下了悲剧。这与普里阿摩斯之城——特洛伊城——最终毁于希腊人正论立场下的木马，又有什么区别呢？故而在古典的政治哲学中，信神，还是信人，成为必须考量、关切，并必须思考的问题。信神就意味着按照神谱的进化模式，将信仰举上天空。人间物事，由神意来夺定。是好，是坏，归于命运。信人，便要打破神像，通过人来制造神话。以人的尺度、人的站位、人的智慧和人的方式来确定在世的规则，并因之获取存在的意义性。在希腊的立场上，可以说，不是诸神退却了，而是人的妄心增升了。人有了与传统在居方式不同的城邦，当然，过就要过城邦式的生活。亚里士多德的政治学，与其说是在定义城邦，不如说是在重新定义人，人是什么？人是城邦动物。人天生是要过群居生活的。但什么样的群居生活最安全可靠，最有意义？当然是城邦生活。"城邦"最初的意义是将变乱易行的生活遣送到厚墙之内。也就是说，将人无以稳定的心性或基于此种心性变来的生活适时地遣送到一个有公共话语性，可以交叉，可以感染，亦可效仿的领域当中。城邦如是才要给出城邦所内求的品性。著名的希腊四德——节制、勇敢、正义、智慧，就是对城邦公民的内在塑造。塑造城邦品性也就成了城邦必须推行实施的教育，而这个教育与其说是学习知识，不如说是政治教育。只不过希腊哲人们很好地将学习的意义提炼了出来。知识即美德，美德即知识。学习知识便能获得美德，知识教育当然也就是美德教育。而被教育教化出美德，当然成为城邦得以持续的条件。或者说，城邦政治的推行和完善，必须建立在城邦伦理教化的目的之上。而这一切，都是人作为城邦公民和世界主体要向世界宣告自身存在的立场。没有这个立场，人的意义将要闪灭，所谓人是城邦的动物，就无以存实。所以说，亚里士多德的"伦理学"是基于他的政治学而伴随而来的城邦公民教育的学问，是"人正论"立场在希腊神话退幕后，最耀眼的"神学"。在这个意义上，不是人出场了，而是诸神退场了；不是人上升了，而是诸神隐降了。

这个人神分过的源头，从《伊利亚特》的歌性中早已经唱了出来。在这场战争里。希腊人采取了典型的民主气息下共和议事的方式，而特洛伊人则采取了贵族制度下元老会议的典型方式。前者可叫共和制，后者才叫贵族制。在特洛伊老墙坍塌的那一个瞬间，在历史政治的书写上，就已经宣告了共和制对贵族制的胜利；或者说，人法对神法的胜利；或者说，人正论对神正论的胜利。虽然在史诗的天空里，诸神飞翔的翅膀还在，但翅膀已经疏松并逐渐老化了。这从荷马通过赫淮斯托斯接受诸神的嘲弄中已经可见一斑。

可以说,没有诸神精神的老化,希腊人也就宣告不出他们的哲学。

哲学至少是前希腊哲人启蒙运动(智者运动)的产物。对希腊人来说,哲学最大的目的就是:凡人,你要认识你自己。由此开启的苏格拉底式的教化,将"人正论"锁定到了无比崇高的地步。希腊亦还在信神,但神似乎已经走远了——"诸神扭身而去",但寻找神的方式却是"思考"。思考让他们接受"真理"。而最能吻合思考的方式则是他们引以为傲的"理性"(reasonal),理性成为在人的意义探寻中找原因、找根据的最得体的方式。能不能找到理由,能不能找到原因,都已经开启了寻找根据、构建地基的"回家"("乡愁")模式。第一哲学当然是寻找"开端"的哲学,故又称开端哲学。寻找开端,当然即是在寻找那个可终极的唯一的排他的而不是派生的"根据"或"理由"。这是将"开端"(或基质)类比于神的学问。亚里士多德把他的第一哲学叫作"神学",不是没有原因的。只要寻找到这个基质,就能造出一个宇宙。(康德说:"给我一块物质,我就能造出一个宇宙。"阿基米德说:"给我一个支点,我就能撬起整个地球。")这就是他们寻找的真理。而理性则是他们深信的到达真理的道路。这个"人正论"体系就这样在希腊人对人的定义——"能看,并对看到的思考"中完备地构建了。人正论立场的成熟化,运用民主政治已经是城邦政治的不二选择。就是柏拉图的《理想国》(恰译"共和邦"),也旨在完善这种民主政治,虽然,他们的哲人苏格拉底,也已经被希腊推行还不到三十年的民主政治和宪政法庭宣布处死。(苏格拉底临死时都不愿意违背雅典体制,这说明,雅典城邦本质上符合他的精神。城邦政治还需要完善,雅典这匹老马还需要在牛虻式的叮咬中奋蹄,但城邦值得维护,雅典不值得颠覆。[①])

三、政治生活中的现代性问题:虚无主义及施特劳斯与阿伦特

西方社会自古希腊以来的政治命题——人正论式的存在模式,从此成为正统。它存在的合理性当然经过了人间一代又一代的经验和考验。这个模式以真理为投影,以理性为坐标轴,以公民或城邦人格的培养为润田,很好地落成了人的存在方式。然而,近代以来意志哲学爆发了,而且是空前爆发。希腊古土地上竭诚消除的从普罗米修斯肝部生发的"肆虐",终于又在近代焕发了。意志哲学给出了一个巧夺天工的名词:意志自由。不但巧夺天工,而且直观诱人。不仅成为政治母体,而且成为政治美学。意志哲学守望未来,启蒙成了他更加优越的字眼。守望未来,就意味着过去可以摘除,甚至,过去纯然就

---

① [古希腊]柏拉图,《申辩篇》,王晓朝译,《柏拉图全集》第一卷,北京,人民出版社,2002年版,第19页。

是个阴影。打碎过去,追求进步,这是近代世界的通感。它是"自由"之光蓬勃欲出的"震极"。以古典理性为曙光的"民主",当然也与"自由"和进步挂搭到了一起。这是不可溯转的世界潮流。正因如此,政治也就有了它光辉夺目的政治史。历史之轮飞快向前。顺我者昌,逆我者亡。然而,历史之轮要飞转到哪里? 飞到未来。可未来又在哪里? 在时间的土地上,它更像是一道虚无的风景,或者说,更像个深渊。

古典理性终结的时候,哲学家(尼采)说:"上帝死了!"而自由之轮飞转的现代世界里,哲学家(福柯)却又说:"人死了!"这不是哲学家们玄冥空起的诗兴,而是存在负压而来的沉吟。它说明,现代世界创造了自身,但却遗忘了存在。按胡塞尔的话说,就是遗忘了这个生活世界。① 时间之箭顺直滑行,再也没有了原初时间的被载予到的闭合。俄狄浦斯的每一天都在回向古老的宿命,而不是在踏入欣欣向荣的未来。正因如此,受如此劫难的俄狄浦斯王才能澄化心灵,归于正果。他后来成了神。但现代世界的魔镜,却是浮士德终究沦陷的深渊。那个遮蔽是光穿不透的。因为,光本身就带着影子走向消失。这便是现代的虚无。这个虚无是从古典历程终结之后,就已经显露出来的。人的虚无,历史的虚无,当然,也就免不了现代政治的虚无,或政治的现代性虚无。

如何克服这种虚无? 施特劳斯重回古典的政治哲学应运而生。而阿伦特则重新开辟出与众不同的哲学道路。他们都像海德格尔一样,重新回到哲学的希腊性中去,也当然从现代政治世界的虚无主义泥淖中回到古人以为的政治智慧当中去。

如果说古典政治冲突中的人正论问题和神正论问题,可以集中到苏格拉底之死及对苏格拉底的审判当中,那么关于如何回应苏格拉底之死的问题,也便是阿伦特与施特劳斯共同关心,但对待视域及解决态度由此不同的问题。

施特劳斯把苏格拉底之死视为"哲人"与"民众"的对立,这个问题的原生立基其实是苏格拉底以来希腊哲学对"真理"与"意见"的区分问题,而这从巴门尼德那里就已经肇始。"真理"与"意见",所对应的社群话语便是"精英"与"民众",或"城邦领袖"与"城邦公民",或"牧人"与"羊群"(在荷马那里战士把将帅称为士兵的牧人)的间差,说到底也就是什么样的人更适合充当治理者,即充当"牧人"的问题。苏格拉底的"真理"或"相"域,使真理成为丢弃世俗的当然行为。要真正治理好一个世界,就要有拥有正义和智慧的"哲人王"。这使民众的价值等同虚无。因此,苏格拉底本质上是被雅典民众,也即一般的雅典现实所处死的。哲人受到城邦的迫害,这既是民主的丑闻,也是对哲人的叫醒。哲人的思想要通过书写来表白,但这种表白却迫使哲人有了隐晦与显白的书写智慧。对外于民众传达出让民众理解并接受的"意见",而对内于哲人则传递出令哲人领受并信爱的

---

① [德]胡塞尔,《欧洲科学危机和超验现象学》,张庆熊译,上海,上海译文出版社,1988年版,第6页。

"真理"。现代世界的政治虚无,除历史逻辑的启蒙陷阱外,还在于解释合理分歧的相对主义。要克服这处彻头彻尾的虚无主义,返回古典,重新湿润古老心性,就要在政治哲学的教习文本当中内在领悟政治哲人的"微言大义"。而要温润古典心性,则必须返回古典自由,即自由也就是节制。这是施特劳斯力图沟平现代("今")与古典("古")裂缝的必由之笔。涵养古典心性,重返古典政治,可以说是现代政治哲学中不可弃忘的图骥。①

阿伦特同样发现了现代性的虚无,认为现代世界的虚无主义,其实从康德对"物自体世界"和"现象世界"的划界开始,就已经奠定了。也就是说政治虚无主义,不能仅仅从现代世界的科学魔方中去寻找,应当从古典内部去寻找。对于苏格拉底之死,阿伦特认为这是两种生活——现实生活与沉思生活——人为张力的结果。苏格拉底是哲人,但苏格拉底的沉思却是在与雅典民众的日常对话中实现出来的。哪里有现实生活,现实生活不也是经过沉思的哲人给出来的吗?哲人的沉思也是现实。哲学家再思考本质,他自身也是现象。苏格拉底的悲剧就在于民众错解了哲人的孤独。哲人的孤独其实不是从人群当中分立出来的。在人群当中的孤独一点也不少于独自一人时的孤独。为此阿伦特重新寻找哲学的发生境遇。无论在希腊经验还是罗马经验中,哲学都不是职业哲学家必须操持的事务。哲学家其实处在现实当中。和普通人一样,他们都是现实生活的一部分。② 现代世界的主要问题之一,就是人为地将思想与生活分立了起来。这种二元分立的思维方式,其实才是现代性危机来临的最内在的风暴。把抽象的沉思的生活从高贵的精神"谎言"中踢开,让哲学回归到日常的生活,就是克服民众与哲人对立、真理与意见对立、现象与本质同对立的最得体方法。只有这样才能真正解决苏格拉底之死——神正论与人正论冲突后所遗留给现代世界的现代性问题。这个问题的症结就在于传统真理,亦即古典理性被现代性无序解构以后,如何真正建构生活世界。在阿伦特这里,显然,不是像传统启蒙方式那样去建构,而是要唤醒"遗忘",唤醒对"存在的遗忘",也即重新回到自己的生活世界中去。

① [美]列奥·施特劳斯,《论古典政治哲学》,曹聪译,《古典政治理性主义的重生》,北京,华夏出版社,2011年版,第97页。
② [美]汉娜·阿伦特,《精神生活·思维》,姜志辉译,南京,江苏教育出版社,2006年版,第4页。

中国传统伦理研究

● 黄道周"孝"的伦理思想解析
　　——以《孝经集传》引《孟子》条文的
　　考释为例
● 传统伦理的"转换性创造"：李泽厚
　　的伦理进路

黄道周"孝"的伦理思想解析

——以《孝经集传》引《孟子》条文的考释为例

谌　衡*

　　黄道周学术涉及广泛,其于经学多有发挥,成就又多在于《易》与《孝经》的阐发与传注上。其弟子洪思概括为:"其学皆可以为《易》,其行皆可以为《孝经》。"又说:"夫子之道,忠孝而已矣。"①其后来学者亦从其说,如道光时黄道周从祀文庙,赵慎畛在奏疏中言:"四库采录其书多至十种。皆阐明经旨,推究治道,囊括大典,体用兼赅,而最湛深于《易经》《孝经》。"②同时,黄道周在生活中践行《孝经》之义,乃是"知行合一"、"忠孝两全"的"一代完人"。③

　　《孝经集传》是黄道周重要的"孝经"学著作,关于《孝经集传》的创作背景,其弟子洪思说:"子为经筵讲官,请《易》《诗》《书》《礼》二十篇,为太子讲读,未及《孝经》。已念是经为六经之本,今此经不讲,遂使人心至此。杨嗣昌、陈新甲皆争夺情而起,无父无君之言满天下,大可忧。乃退述是经,以补讲筵之阙。"④黄道周曾为太子的经筵讲官,教授《易》《诗》《书》《礼》等,但当时并没有讲《孝经》。恰巧当时遇到"杨陈之争",黄道周深感无父无君之言盈满天下,内心忧愁,因此退而修《孝经》,以成《孝经集传》。洪思又记述曰:"夫子忧曰:'士者必不复谈敬身之行,人心乃遂至此哉,吾将救之以《孝经》,使天下皆追文而反质,因性而为教,因心而为政。'"⑤经过几年的写作,至崇祯十六年癸未年(1643):"秋八月朔,《孝经集传》成,子同诸门人就北山草堂,具章服北面望,阙五拜三,稽首,又向青原公墓前四拜,再稽首,乃于堂中,置书案上,诸门人各受业焉。子曰:'《孝经》之书,戊寅起草,未经进呈,乃于九江综其遗绪,以示同人。'"⑥《孝经集传》花了五年时间写就⑦,由

---

　　*　谌衡,湖南师范大学教育科学学院师资型博士后。

　　①　[明]黄道周:《黄石斋先生文集·序》,清康熙五十三年郑玫刻本。

　　②　[清]陈寿祺:《左海文集》卷一,上海,上海古籍出版社,2002年版,第75页。

　　③　康熙赞其为"一代完人":"又如刘宗周、黄道周等之立朝謇谔,抵触金壬。及遭际时艰,临危授命。均足称一代完人,为褒扬所当有。"(《清高宗实录》卷九九六,北京,中华书局,1985年版,第316-317页。)"以励臣节而正人心,若刘宗周、黄道周。立朝守正,风节凛然。其奏议慷慨极言,忠荩溢于简牍,卒之以身殉国。不愧一代完人。"(《清高宗实录》卷一〇二一,北京,中华书局,1985年版,第684页。)

　　④　[明]黄道周:《黄石斋先生文集》卷七,清康熙五十三年郑玫刻本。

　　⑤　[清]陈寿祺编:《黄漳浦集·黄子讲问》,清道光十年刻本。

　　⑥　[清]陈寿祺编:《黄漳浦集·黄子年谱》,清道光十年刻本。

　　⑦　一说六年,"其《孝经集传》,亦历六年而成,故推衍亦为深至"(《四库全书总目提要·儒行集传》)。一说五年,"起草于崇祯戊寅(1638),卒业于癸未(1643),厘然大成"(《四库全书总目提要·孝经集传》)。这应当是年数算法不同所致。

最初的经筵讲义变成了后来的供门人受业所用。

《孝经集传》的书写体例,经历了前后变化,《四库全书总目提要·孝经集传》(后简称《提要》)对此有较为详细的说明。黄道周原初所设想的体例是"以引《诗》数处,各为下章,如《中庸》'尚䌹'章。今则仍附于各章之后,盖亦自知其说之不安。又其初欲先明篇章,次论孝敬渊源,三论反文归质,似欲自立名目,如《大学衍义》之体"①。之所以会出现这样的体例,黄道周在序中已说得很清楚,他说:"《孝经》者,道德之渊源,治化之纲领也。六经之本皆出《孝经》,而《小戴》四十九篇、《大戴》三十六篇、《仪礼》十七篇,皆为《孝经》疏义。"②其最终的成书体例,按《提要》引陈有度之语曰:"《孝经集传》以一部《礼记》为义疏,以《孟子》七篇为导引。"③《孝经集传》有《大传》与《小传》之分,引大小戴《礼》《仪礼》《孟子》文为《大传》,黄道周自己的发明则为《小传》。《提要》引沈珩评论曰:"其引《仪礼》《二戴礼》及子思、孟子之言,谓之《大传》;经传各条之下,先生以穷理所得,畅厥发明,谓之《小传》。"④也就是说,我们现在看到的《孝经集传》,所采用的传注体例是以经注经。⑤因此,如今所呈现的《孝经集传》是:"今本则仍依经文次第而杂引经记以证之,亦与初例不同。昔朱子作勘误后,"序"曰:欲掇取他书之言,可发此经之旨者,别为外传,顾未敢耳。道周此书,实本朱子之志,而其推阐演绎,致为精深;其所自为注文体,亦仿周秦古书。无学究章比字栉之习,盖刘敞《春秋传》之亚。"⑥

由前文可略见黄道周《孝经集传》引《孟子》条文传注《孝经》,既有学理上的依据,又有对现实的关照。《孝经集传》与《孟子》的思想有相通之处,最为突出之处即在于对"孝"的伦理思想的理解。解析《孝经集传》对《孟子》思想的承继,亦是在探求黄道周对"孝"的伦理思想的理解与化用。

---

① 《四库全书总目提要·孝经集传》。
② [明]黄道周:《黄石斋先生文集·〈孝经大传〉序》,清康熙五十三年郑玫刻本。
③ 《四库全书总目提要·孝经集传》。
④ 《四库全书总目提要·孝经集传》。
⑤ 《孟子》是最晚一部被列入"十三经"的经籍。《孟子》研究自汉代始盛,汉代文帝时《孟子》列于学官,将《论语》《孝经》《孟子》一并设传记博士。唐以前基本位列诸子,唐后期开始"升格",直至宋代方升为"经"。北宋仁宗嘉祐六年(1061)刻石经,将《孟子》纳入经书之列,列"十三经"之一。
⑥ 《四库全书总目提要·孝经集传》。

一、援《孟》释《孝》:对《孝经集传》引《孟子》的统归与说明

(一)黄道周《孝经集传》引《孟子》条文的统计与归类

根据明崇祯十六年刻本的黄道周《孝经集传》统计,其中明确引用《孟子》条文的共计有约62处("孟子"一词出现的频次则不止62次)。虽每一章节引述《孟子》的条文有分量多少之别,但基本在每一章中皆有《孟子》条文被引用作为注释。

黄道周《孝经集传》引《孟子》条文所置的位置,从其使用方法来看,主要有两种,一种是作为"大传"的内容而置于《大传》章首,另一种是黄道周引用《孟子》条文解释《大传》篇章之义,故置于《小传》之中。其中出现在《大传》中的《孟子》条文并不多,一共仅有7处。分别为:《天子章第二》中3处,《士章第五》中1处,《纪孝行章第十》中1处,《五刑章第十一》中1处,《广要道章第十二》中1处。其余所引《孟子》条文皆出现在《小传》中,为黄道周所阐释与发明。

此外,尚有一些未明言引述自《孟子》的章句,但实则出自于《孟子》文本的,如此者亦有些许,如《士章第五》中的《小传》引文"尧舜之道,孝悌而已矣",又如《纪孝行章第十》中的"爱人者人恒爱之,敬人者人恒敬之",如此等等。

在这些被引用的条文中,有一些是重复引用的。如《开宗明义章第一》与《广至德章第三》中的"道在迩而求诸远,事在易而求诸难,人人亲其亲、长其长而天下平",如《士章第五》《三才章第七》与《广扬名章第十四》中的"尧舜之道,孝悌而已矣",又如《开宗明义章第一》《士章第五》《庶人章第六》中的"居仁由义"。再如《天子章第二》《感应章第十六》中的"良知良能"等内容。这些被重复引用的条文,根据其内容判断,恰是因为符合黄道周的思想表达,才会不断出现。换句话说,这些条文在黄道周看来是较为重要的,是孟子思想中比较核心的观念。

总体看来,黄道周的释文体例按照《孝经》经文——《孟子》经文(大、小戴《礼》经文)——阐发。因此,不论将《孟子》条文置于何处,总体皆反映了黄道周对《孟子》条文不同程度的运用。也就是说,《孟子》条文其背后的思想意旨符合黄道周对于《孝经》大义的理解。

(二)黄道周《孝经集传》引《孟子》条文之由

前文已述及黄道周作《孝经集传》的体例,其引述多为大、小戴《礼》以及《孟子》。黄

道周以"礼"与"孝"相表里①,因此引用大、小戴《礼》与《仪礼》作为《孝经》的释文。而黄道周发明《孝经》,又多引《孟子》条文,缘何如此,则有待说明。

首先,是因为黄道周推崇孟子,因此多引《孟子》条文。《孝经集传·三才章第七》"小传"中引:"孟子曰:'天下之言性也,则故而已矣。故者以利为本。所恶于智者,为其凿也。如智者若禹之行水也,则无恶于智矣。禹之行水也,行其所无事也。如智者亦行其所无事,则智亦大矣。天之高也,星辰之远也,苟求其故,千岁之日至,可坐而致也。'"其后又紧接着说:"若孟子,则可与立教者矣。"②黄道周以"教"为"孝",给予孟子如此评价,不可谓不高。

其次,是因为黄道周以为《孟子》文本多对《孝经》之义有所发明。在黄道周看来,孟子对于曾子思想,特别是有关于"孝"的思想,多有继承。"凡《孝经》之义,不为庶人而发。其自舜文而下,独推周公以爱敬为道德之原,豫顺为礼乐之实,虽《曾子论孝》十章未有能阐其意者。盖曾子之微言授于子思,而《中庸》之精义发于孟子、游、夏之徒,微分敬养,以弘礼乐之施。曲台诸儒,兼采质文,以收道德之委。至其精义,备在《孝经》。舜文复起,无所复易也。刘炫缪以闺门之语溷于圣经,朱子误以圣人之训自分经传,必拘五孝以发五诗,则厥失维均,去古愈远矣。"③黄道周考述《孝经》成书之源,认为《孟子》可作为《孝经》的传记"羽翼"。其文曰:"凡传皆以释经,必有旁引出入之言。《孝经》皆曾子所受夫子本语,不得自分经传。而游、夏诸儒所记,曾子、孟子所传,实为此经羽翼,故复备采之,以溯渊源云。"④"读《孝经》后,真觉良知、良能塞天、塞地。于言满天下,无口过;行满天下,无怨恶处。千倍工夫,锻铸难成,即如身体发肤受之父母处,端本正原,一部《孟子》俱从此出。"⑤

黄道周《孝经集传》引用《孟子》条文,是一种较为特殊的以经注经的体例。从另一个层面来说,黄道周《孝经集传》对《孟子》条文的引述,揭示出《孟子》中的一些思想与《孝经》的思想有相合之处。

---

① 杨毓团的文章《黄道周孝本思想析论》(刊于《殷都学刊》,2011 年第 4 期,第 132—138 页)对此问题展开过探讨。
② [明]黄道周:《孝经集传·三才章第七》,四库全书本。
③ [明]黄道周:《孝经集传·开宗明义章第一》,四库全书本。
④ [明]黄道周:《孝经集传·开宗明义章第一》,四库全书本。
⑤ [清]陈寿祺编:《黄漳浦集·孝经辨义》,清道光十年刻本。

二、居仁由义:《孝经集传》对于仁义与孝关联的阐释

黄道周有关于"孝"的思想,对孟子"性善论"的继承和发挥,已有学者做过深入探讨。① 此处仅就黄道周对"仁义"及相关思想的理解,以及如何建立与"孝"之间的关联展开一些探讨。

黄道周《孝经集传》引《孟子》条文曾几度反复出现"仁义"、"居仁由义"、"仁义礼智"、"四端"等内容,可见其重要性,至少可见黄道周多以这些思想阐发其对于《孝经》的理解。而这些思想内容,又是孟子思想中的核心理念,因此《孝经集传》引述《孟子》中的相关条文,自然建立起了与《孝经》之间最为重要的一层联系。

《孝经集传·开宗明义章第一》中便有关于引用"居仁由义"之说。黄道周其《大传》引《大戴礼记》"哀公问于孔子"章:"子曰:'君子无不敬也,敬身为大。身也者,亲之枝也,敢不敬与? 不能敬其身,是伤其亲,伤其亲,是伤其本,伤其本,枝从而亡。'"黄道周引《孟子》注为:"孟子曰:'言非礼义,谓之自暴;吾身不能居仁由义,谓之自弃也。'"接而发明曰:"暴弃其身,则暴弃其亲。肤发虽存,有甚于毁伤者矣。《诗》曰:'各敬尔仪,天命不又。'"②按照黄道周对于经传的理解,在他看来,君子以敬身为大,敬身即是敬亲,不能敬身则是伤亲,这是较为清楚明白的,也即"身体发肤,受之父母,不敢毁伤,孝之始也"③。但这毕竟是作为"孝之始"而言的,是"孝"的初级阶段。黄道周认为,敬身还有更深一层次的内涵,因此他引述《孟子》"居仁由义"之说。也就是说,对于身的暴弃,是孟子所说的"言非礼义",不能"居仁由义",而非仅仅是对发肤的伤害。因此,黄道周借用《孟子》条文对"孝"之意涵做了进一步的深化。

孟子之所以倡"居仁由义",在于其看到了"仁义"对于时世的重要性。"仁义",在黄道周这里同样极为重要。在黄道周看来,"仁义"从某个层面而言就等同于"孝"之内涵的"爱敬"之义,因此他借《孟子》中的"居仁由义"阐发己说。他说:"仁者,爱之质也;义者,敬之质也。重仁义而轻富贵,则忧敬之心殷;重富贵而轻仁义,则弑逆之祸著矣。"④爱的

① 例如:蔡杰、翟奎凤《黄道周对孟子性善论的坚守与诠释》,《集美大学学报(哲学社会科学版)》,2017年第2期,第16—22页;翟奎凤《黄道周与明清之际的学术思潮》,《安徽大学学报(哲学社会科学版)》,2011年第4期,第31—37页;许卉《从〈孝经集传〉看黄道周孝道思想》,《河北师范大学学报(哲学社会科学版)》,2013年第3期,第148—152页。

② [明]黄道周:《孝经集传·开宗明义章第一》,四库全书本。

③ [明]黄道周:《孝经集传·开宗明义章第一》,四库全书本。

④ [明]黄道周:《孝经集传·诸侯章第三》,四库全书本。

本体是仁,敬的本体是义,换句话说,"仁义"即是"爱敬"的本质,"仁义"与"爱敬"之间有着本真的联系。黄道周又进一步说:"仁义之于孝悌,非两也。以孝悌而为仁义,犹不恶慢之于爱敬也。"①因为"爱敬"是"孝悌"的核心,而"爱敬"的本质是"仁义"。因此,"仁义"与"孝悌"是不可分的权说。由此可见,在黄道周那里,"仁义"之于"爱敬"之于"孝悌",是具备一致性的,是对同一理念的不同层次的表达。

在孟子那里,作为人的美好道德的"仁义礼智"是由"四端之心"发展而来的,而人的这种能力又是"不虑而知"、"不学而能"的"良知良能"。《孝经集传》首引《孟子》条文作为《大传》之目,即是有关"良知良能"之说。② 黄道周却做了如同董仲舒般的解释,将"爱敬"与日月相连接,建立起了宇宙论上的联系。他说:"仁义者,德教之目也;德教者,敬爱之目也。语其目,则有仁义礼智慈惠忠信恭俭;语其本,则曰爱敬而已。天有五行,著于星辰,而日月为之本。日是生敬,月是生爱。敬爱者,天地所为日月也。治天下而不以爱敬,犹舍日月而行于昼夜也。然则孩提之童有稍长而不知爱敬者,何也? 曰:'其习也,非性也,其所养之者非道也。'"③"爱敬"具有根本上的地位,相当于日月作为天地间的大本。月是坤,为母,因而与"爱"相连;日是乾,为父,故而与"敬"相系。对于天下的治理,应当倡导"爱敬",即"孝"的作用。"故曰:'知所以为人子而后知所以为人父也,知所以为人弟而后知所以为人兄也,知所以为人臣而后知所以为人君也。射者各射己之鹄,亦本于此也。故不知教之义者,则亦不可以立性矣。'"④"教之义者"即是"孝之义者",在黄道周看来,"孝"亦是人之性,不知道"孝"的大义,就难以在性上有所挺立。

对于道德的追求不在于外求,即孟子所谓的"非由外铄",而是在于"反身而诚",即孟子所谓的"反求诸己"的方法。因此,"反求诸己"也是黄道周不断强调和引用的《孟子》中的内容。儒家自有一套修养功夫,而这套修养功夫有着内外次第,即《大学》所谓修齐治平之道。黄道周注意到《孟子》中亦有对此义的继承。⑤ 黄道周将这套修养功夫的基本点立于"身"上,如前言,这里的"身"也包含内在的"仁义"等内容。既然"身"是由内圣以至于外王的基础,那么不如是则万物皆有毁伤。故其言:"身厚则万物皆厚,身治则万物皆治,身毁则万物皆毁,身伤则万物皆伤矣。""夫非爱敬终始而能如此乎?"⑥

---

① ［明］黄道周:《孝经集传·士章第五》,四库全书本。
② 孟子曰:"人之所不学而能者,其良能也;所不虑而知者,其良知也。孩提之童,无不知爱其亲者;及其长也,无不知敬其兄也。亲亲,仁也;敬长,义也。无他,达之天下也。"(《孟子·尽心上》)
③ ［明］黄道周:《孝经集传·天子章第二》,四库全书本。
④ ［明］黄道周:《孝经集传·天子章第二》,四库全书本。
⑤ 孟子曰:"人有恒言,皆曰天下国家。天下之本在国,国之本在家,家之本在身。"(《孟子·离娄上》)
⑥ ［明］黄道周:《孝经集传·庶人章第六》,四库全书本。

三、尧舜之道:《孝经集传》对于虞舜之象与孝悌之义的发明

无论是在孟子处,抑或是在黄道周处,尧舜之道皆可谓是对孝道的同义诠释。对此,黄道周做过说明:"尧舜者,孝悌之名也。孟子曰:'徐行后长者谓之弟;疾行先长者谓之不弟。夫徐行者,岂人所不能哉?所不为耳。尧舜之道,孝悌而已矣。'由孝悌而行仁义,由仁义而名尧舜。"①孝悌是尧舜之道的核心,亦可谓是尧舜之为尧舜的名之由来。孝悌、仁义、尧舜之道,在某个层面实际是互通的。

孟子关于尧舜之道的认识,最深刻的一句为:"尧舜之道,孝悌而已矣。"黄道周亦十分认同孟子对于"尧舜之道"的判断,因此在其《孝经集传》中多次引用此句。《孝经集传·天子章第二》中有较多说明"尧舜之道"、"孝悌义"的文字。"尧舜之道"大体可从两方面来说,第一个方面是舜以事亲之道而使得天下教化。如黄道周引《孟子》条文:

> 孟子曰:"天下大悦而将归己。视天下悦而归己,犹草芥也。惟舜为然。不得乎亲,不可以为人;不顺乎亲,不可以为子。舜尽事亲之道而瞽瞍厎豫,瞽瞍厎豫而天下化,瞽瞍厎豫而天下之为父子者定。"

《孟子》原文最后尚有一句,"此之谓大孝",黄道周这里没有引用。"大孝"之大,正如黄道周后文所释:"古之以孝德而王天下者,莫舜若也。舜之爱敬尽于事亲,而德教加于百姓,刑于四海。自爱敬而外,舜亦无所事也。曰:'以吾之爱敬,卒万国之欢心,若此而已。'"②舜所展现出来的"孝"之所以被称为"大孝",是因为舜可以"尽事亲之道"而使得其父"厎豫",由瞽瞍的厎豫而使得天下皆被舜的孝德所教化。在黄道周看来,舜使得其父的"厎豫"、"欢心",最后会被推扩风化为万国的"厎豫"、"欢心"。

在孟子看来,"人皆可以为尧舜"。怎么才能够成为"尧舜"呢?孟子解释道:"尧舜之道,孝悌而已矣。子服尧之服,诵尧之言,行尧之行,是尧而已矣;子服桀之服,诵桀之言,行桀之行,是桀而已矣。"对于此,黄道周曾有过引述与另一番阐发,他说:"服者,言行之先见者也。未听其言,未察其行,见其服而其志可知也。仁人孝子一举足,不忘父母。一发言,不忘父母。由父母而师先王,故有父之亲,有君之尊,有师之严,虽不言法而法见焉。"③不论是"服",还是"言",抑或是"行",皆可以通过这些见识到一个人的志向。黄道

---

① [明]黄道周:《孝经集传·广扬名章第十四》,四库全书本。
② [明]黄道周:《孝经集传·天子章第二》,四库全书本。
③ [明]黄道周:《孝经集传·卿大夫章第四》,四库全书本。

周认为相比于"言"和"行","服"更为先见,差别仅此而已。由己的举手投足之间,通过"志"建立起与父母之间的关联,进由父母建立起与师与君之间的联系。父母侧重的是"亲",君侧重的是"尊",师侧重的是"严",但总而言之,皆是"孝"的内容。

既然"尧舜"是可为的,那么自当以"尧舜"为效仿的对象。黄道周引《孟子》曰:"……是故,君子有终身之忧,无一朝之患也。乃若所忧则有之:舜人也,我亦人也。舜为法于天下,可传于后世,我由未免为乡人也,是则可忧也。忧之如何?如舜而已矣。"①君子没有短暂的忧患,但是有长久的忧患,这个忧患就是不能像舜一样成为圣人。如何化解这个忧愁呢?办法只有一个,即向舜学习。因此,黄道周再次强调:"夫舜非敬爱其亲,不恶慢天下,而能使天下爱敬之如此乎?"②"非孝则先王又何以仁天下乎?"③

"尧舜之道"的第二个意涵为尧舜各安其位,"在其位,谋其政"。孟子曾发明其旨:"规矩,方员之至也;圣人,人伦之至也。欲为君尽君道,欲为臣尽臣道,二者皆法尧舜而已矣。不以舜之所以事尧事君,不敬其君者也;不以尧之所以治民治民,贼其民者也。……"(《孟子·离娄上》)

上面的《孟子》条文,黄道周并没有引用,但黄道周讲到了相似的意思。上文的意涵,用黄道周的话说,即:"故曰:'知所以为人子而后知所以为人父也,知所以为人弟而后知所以为人兄也,知所以为人臣而后知所以为人君也。射者各射己之鹄,亦本于此也。'"④舜以臣道事尧,是舜"知所以为人臣"。其后,尧传位于舜,舜便"知所以为人君"。

第一个方面侧重于从"孝"的层面来讲述舜的道德,第二个方面侧重于从"忠"的角度来说明舜的道德。虽然两者各有侧重,但"孝"与"忠"在黄道周这里皆是可以达成一致的。关于这点,我们在后文中有详述。

黄道周对于舜的褒扬与推崇,往往是通过孟子之口表露出来的。正是因为孟子于舜亦推崇有加,所以使得黄道周有本可依。又或者说,正可能是孟子对虞舜的推崇影响到了黄道周对于虞舜之象与孝悌之义的理解。

四、孝德之本:《孝经集传》对"教之所由生"的理解

在《孟子》中,据杨伯峻《孟子译注》统计,"孝"字出现有 28 次之多,远超《论语》中的

① [明]黄道周:《孝经集传·天子章第二》,四库全书本。
② [明]黄道周:《孝经集传·天子章第二》,四库全书本。
③ [明]黄道周:《孝经集传·圣德章第九》,四库全书本。
④ [明]黄道周:《孝经集传·天子章第二》,四库全书本。

19次。① 孟子对虞舜的推尊,到黄道周这里则很直白地表达为孟子对"孝"的重视。如若说"尧舜"是学而可之的理想人格,那么可"教"的内容即是"孝"。

《孝经集传·士章第五》抛出了一个如何成为"孝子"的问题。黄道周引《孟子》文曰:"居仁由义,大人之事备矣。"黄道周发明曰:"夫孝子之于天下,何不备之有? 孝子而必资禄以为祭,资位以为祀,则卿大夫而下无孝子也。"其后引《大戴礼记·卫将军文子》曰:"子言之'德恭而行信,终日言不在尤之内,在尤之外,贫而乐也,盖老莱子之行也。易行以俟天命,君下位而不援其上;观于四方也,不忘其亲;苟思其亲,不尽其乐;以不能学为己终身之忧,盖介山子推之行也。'"黄道周释为:"故如介山之推,则可以语学者矣。"②"以不能学为己终身之忧",即是前言"君子有终身之忧"之义。孟子对"忧之如何"问题的化解办法是"如舜而已矣","如舜而已矣"即是通过向舜学习以至于不断接近舜。那么,在这里介山之推的"不能学"即是不能学习成为舜一样的圣人,因此以为"终身之忧"。

"学",在古典中与"教"、"效"同义,《礼记·学记》多有阐发。③ 黄道周则在《孝经集传》中发挥了"孝"与"教"一致的内涵。

黄道周引:

子曰:"夫孝德之本也,教之所由生也。"

黄道周释曰:"本者性也,教者道也。本立则道生,道生则教立。先王以孝治天下,本诸身而征诸民,礼乐教化于是出焉。《周礼》:至德以为道本,敏德以为行本,孝德以知逆恶。虽有三德,其本一也。"④

又引:

> 身体发肤,受之父母,不敢毁伤,孝之始也。立身行道,扬名于后世,以显父母,孝之终也。

又释曰:"教本于孝,孝根于敬。敬身以敬亲,敬亲以敬天,仁义立而道德从之,不敢毁伤,敬之至也。"⑤

《孝经集传》中如此以"孝"为"教"的解释还有许多,如《孝经集传·三才章第七》在"先王见教之可以化民"句下传注曰:"教作孝,孝而可以化民,则严肃之治,何所用乎?孝,教也。教以因道,道以因性,行其至顺,而先王无事焉。博爱者,孝之施也;德义者,孝

---

① 杨伯峻:《孟子译注》,北京,中华书局,2010年版,第356页。
② [明]黄道周:《孝经集传·士章第五》,四库全书本。
③ "是故学然后知不足,教然后知困。知不足,然后能自反也,知困,然后能自强也。故曰:教学相长也。《兑命》曰:学学半。其此之谓乎?"(《礼记·学记》)
④ [明]黄道周:《孝经集传·开宗明义章第一》,四库全书本。
⑤ [明]黄道周:《孝经集传·开宗明义章第一》,四库全书本。

之制也。敬让者,孝之致也;礼乐者,孝之文也;好恶者,孝之情也。五者,先王之所以教也。"①这里不但述及以"孝"为"教",还说明了先王所教的五点内容,即:博爱、德义、敬让、礼乐、好恶。先王即是借助此所教的五点内容,达成以孝治天下的盛世。

"学"与"觉"在古典文义中亦多同义,也就是说"学"、"教"、"效"、"孝"同义。《孝经集传·孝治章第八》注《诗》云:有觉德行,四国顺之。"黄道周释曰:"觉者所为教也,教者所为孝也。"②这里的"觉"即是"学"的意思,因此在这里"学"、"觉"、"教"、"孝"相通。从黄道周一路的儒家脉络中,我们或可发现,"孝"不是外在强加于人的东西,而是内在自觉的品质。因此,"孝"不是通过外在的学习而获得的,而是通过觉知的方式获得的。这也正是黄道周会将"孝"视为人之性的原因。"天下非难治也,教则治,不教则乱。晚世,非难教也。本性则教行,不本性则教不行。……其不可变者,亲亲、长长、老老、幼幼之民,秉世用之则为经,上著之则为令,亦未有如今天子之选道考德,得其至要也。方崇祯之九载,……乃命天下共表《孝经》。"③《孝经集传》的成书目的第一是"因性明教"。黄道周在《孝经集传》中,亦论证过"性"、"孝"与"教"三者的关系。他说:"盖言学也,孝不待学,而非学则无以孝,无以孝,无以教也。……君子如欲化民成俗,其必由学乎。夙兴夜寐,盖言学也。"④因此我们可以说,此"学"非一般之"学",而是通过"学"来激发内在的自觉。这也正是孟子所谓"先知觉后知,先觉觉后觉"之义。

孝道在政治社会中的化行,可以理解为孟子所谓"王道仁政"的重要内容。但是,政与教在孟子这里还有所区别,他说:"仁言,不如仁声之入人深也。善政,不如善教之得民也。善政民畏之,善教民爱之;善政得民财,善教得民心。"(《孟子·尽心上》)让天下人归往的"王道"自然是要以获得民心为要务的,因此唯有"善教"才可以做到。

《孟子·离娄上》和《孟子·尽心上》载有"西伯善养老者"之说:"所谓西伯善养老者,制其田里,教之树畜,导其妻子,使养其老。五十非帛不暖,七十非肉不饱。不暖不饱,谓之冻馁。文王之民,无冻馁之老者,此之谓也。"(《孟子·尽心上》)这里面西伯养老之法是现实、实在的治法,从制定土地制度,到教授耕种畜牧之法,再到引导教导家人奉养老人。可见孟子的田赋制度,实际上是习承周文王的养老之法。《礼记·王制》有"五十始衰,六十非肉不饱,七十非帛不暖,八十非人不暖;九十,虽得人不暖矣"。与《孟子》文虽有出入,然此细节不妨碍其对养老问题的足够重视。

孟子认为"二老者,天下之大老也,而归之,是天下之父归之也。天下之父归之,其子

---

① [明]黄道周:《孝经集传·三才章第七》,四库全书本。
② [明]黄道周:《孝经集传·孝治章第八》,四库全书本。
③ [清]陈寿祺编:《黄漳浦集·书圣世颁〈孝经〉颂》,清道光十年刻本。
④ [明]黄道周:《孝经集传·士章第五》,四库全书本。

焉往？诸侯有行文王之政者，七年之内，必为政于天下矣"(《孟子·离娄上》)。老者是父母的另一重身份，所以"天下有善养老，则仁人以为己归矣"(《孟子·尽心上》)是善养老者为成就仁政王道、天下归往的重要内容。即使做不到天下归往，至少也可以在战乱年代，"信能行此五者，则邻国之民仰之若父母矣。率其子弟，攻其父母，自生民以来，未有能济者也。如此，则无敌于天下。无敌于天下者，天吏也。然而不王者，未之有也"(《孟子·公孙丑上》)。故而教育与养老相关，同时与祭祀相关，其表现在教育的内容与意义，以及养老、祭祀与教学场所的一致上。

五、以孝作忠：《孝经集传》对"杨墨"之道的距斥

"距杨墨"是孟子当时"不得已"而为之的救世责任①，在黄道周所处之世，"距杨墨"也是那个时代所面临的亟待解决的问题与矛盾。虽然当时已无"杨墨"之名，然有"杨墨"之实事。因此，黄道周概括《孝经》有五大义，其中第五义即为："辟杨诛墨，使佛老之道不得乱常，五也。"②黄道周修《孝经集传》，其旨意不言而喻。

"孝"是终身的行事内容，无论父母在或与否。"教"的根本内容是"孝"，施行的形式则是"养"，"养"在层级上言只是行"孝"的最初始、最基础阶段，最终、最难的阶段应是丧祭。养与丧祭合而言之，也就是平常所言的"养老送终"，实际上即是"孝"的展开。黄道周引《大戴礼记·曾子大孝》云：

> 曾子曰："民之本教曰孝，其行之曰养。养，可能也；安，为难。安，可能也；久，为难。久，可能也；卒，为难。卒事慎行，则可谓能终也。"③

① 孟子曰："……圣王不作，诸侯放恣，处士横议，杨朱墨翟之言，盈天下，天下之言，不归杨则归墨。杨氏为我，是无君也；墨氏兼爱，是无父也。无父无君，是禽兽也。公明仪曰：'庖有肥肉，厩有肥马，民有饥色，野有饿莩，此率兽而食人也。'杨墨之道不息，孔子之道不著，是邪说诬民，充塞仁义也。仁义充塞，则率兽食人，人将相食。吾为此惧。闲先圣之道，距杨墨，放淫辞，邪说者，不得作，作于其心，害于其事，作于其事，害于其政，圣人复起，不易吾言矣。"(《孟子·滕文公下》)

② "五义"为："本性立教，因心为治，令人知非孝无教，非性无道，为圣贤学问根本，一也；约教于礼，约礼于敬，敬以致中，孝以导和，为帝王致治渊源，二也；则天因地，常以地道，自处履顺行让，使天下销其戾心，觉五刑五兵无得力处，为古今治乱渊源，三也；反文尚质，以夏商之道救周，四也；辟杨诛墨，使佛老之道不得乱常，五也。"

③ ［明］黄道周：《孝经集传·庶人章第六》，四库全书本。此一节亦出现在《礼记·祭义》和《吕氏春秋·孝行》，文字略有不同。

关于行"孝"的层次,黄道周比较强调孔孟皆有谈及的"养身"与"养志"之辨。[①] 在上文中,孝的深浅远近不止"养"这一个层面。但作为最基本的"养",亦可以划分为"养身"与"养志"的问题。黄道周释曰:"若是则曾子自为能养也。曾子择孝取下焉,而犹以为难,则是庶人之孝未上降也。……故敬之降为养,养之下无降焉。保禄祀而下,则亦无降也。"[②]"养"是施行孝道最基本的层面,对曾子这样以孝著称的圣贤依然有难度,何况对于普通人呢。"养"是最基本的,在"养"之下没有其他的内容,在"养"之上则还要加有"敬"。含有"敬"的"养"才能区别人与动物不同的"养",口体之"养"与志"养"是不同的,志"养"即是"养志",是属人的。养口体不包含"敬",因此不是属人的。

"养"是"孝"的基本层面,丧祭则是"孝"的终点,而这个终点又是难点。丧祭被视为延续"孝"的重要过程。因此曾子曰:"亲戚既殁,虽欲孝,谁为孝?老年耆艾,虽欲弟,谁为弟?故孝有不及,弟有不时。"(《大戴礼记》)

一方面"孝"内含丧祭之礼,另一方面当时的"杨墨"损害君臣父子之道与丧祭之礼。因此,黄道周在提倡"孝"治的过程中就必须面对和解决这两点之间的矛盾。

黄道周联系了孟子思想来讲解杨墨之徒如何毁坏丧祭,损害孝道,戕害父子君臣之道。其引《孟子》条文曰:

> 孟子曰:"杨氏为我,是无君也;墨氏兼爱,是无父也。无父无君,是禽兽也。杨墨之道不息,孔子之道不著,是邪说诬民,充塞仁义也。"

黄道周进而阐释道:"杨之罪,无杀于墨乎。曰:薄乎云尔。墨氏非孝,杨氏毁忠,忠者,移孝者也。墨氏之非孝,其始于冠昏,其终于丧祭乎。冠昏之礼,虽或非之,莫有废也。丧祭之礼废而圣人之道息,圣人之道息而鸟兽乱于中国。臣弃其君子,弃其父,名不篡弑而甚于篡弑者,墨氏之为也。故墨氏者五刑之首也。"[③]黄道周认为杨氏的罪过并不亚于墨氏的罪过,杨氏的罪过在于无君,无君即是不忠。墨氏的罪过在于无父,无父即是不孝。[④] 合而言之,杨墨之徒即是不忠不孝之徒。相比于杨氏的无君,墨氏无父不孝更为损害人伦道德。首先是因为"孝"是"忠"的基础,"忠者,移孝者也"。无父不孝则难以有"忠"。其次,墨氏损害冠昏、丧祭之礼,冠昏之礼在人生之生与始的层面上说,丧祭之

---

① 子游问孝。子曰:"今之孝者,是谓能养,至于犬马,皆能有养,不敬,何以别乎?"(《论语·为政》)孟子曰:"……曾子养曾皙,必有酒肉。将彻,必请所与。问有余,必曰'有'。曾皙死,曾元养曾子,必有酒肉。将彻,不请所与。问有余,曰:'亡矣'。将以复进也。此所谓养口体者也。若曾子,则可谓养志也。"(《孟子·离娄上》)

② [明]黄道周:《孝经集传·庶人章第六》,四库全书本。

③ [明]黄道周:《孝经集传·五刑章第十一》,四库全书本。

④ 孟子曰:"杨子取为我,拔一毛而利天下,不为也。墨子兼爱,摩顶放踵利天下,为之。子莫执中,执中为近之,执中无权,犹执一也。所恶执一者,为其贼道也,举一而废百也。"(《孟子·尽心上》)。

礼在人生之终于生的层面上说。黄道周认为墨氏对于冠昏之礼的负面影响没有对于丧祭之礼的负面影响大,而恰恰是对丧祭之礼的破坏使得"圣人之道息",以致天下大乱,造成"臣弃其君子,弃其父"的道德纲常败坏。

因此,黄道周一方面提出要"辟杨诛墨",另一方面则提出了"以孝作忠"(或"移孝作忠")的应对之道。什么是"以孝作忠"(或"移孝作忠")? 前说"忠者,移孝者也"已发明"忠"与"孝"之间的关系。黄道周又解释道:"然则移孝、移忠、移治,移之何义也? 曰:是先后之序也。君子之为治也,治其本而后正其末,正其不移者而后其移之皆具也。一家仁让,一国仁让,仁让满国,不缺于家,何移之有?"①黄道周所谓的"移"不是二者择一的取舍,而是由"孝"至"忠"的"先后之序"。所以,在黄道周的理解里,"孝"与"忠"不会是难以两全的,而恰恰是相互增益与护持的。他说:"故忠者,孝中之务也。以孝作忠,其忠不穷。"②黄道周又言:"圣人之制礼也,因严教敬,因孝教忠,君父相等,仁义之极也。使君可无三年之服,则父亦可无三年之丧;使父可无三年之丧,则君亦可无一日之服。"③由此可见丧祭之礼、君臣父子之义以及"忠孝"之间的关系。

人子在当时所处的位置上会有对应的"忠孝"之举,黄道周引《孟子》条文释曰:"孟子曰:人少,则慕父母;知好色,则慕少艾;仕则慕君,不得于君,则热中。"④少年之时与中年之时,所"慕"的对象有所变化。在家与在朝堂,无事与入仕所"慕"的对象亦有不同。但当"忠"而不得时,则选择归家尽孝的"热中"。

黄道周进一步解释"忠"与"孝"之间的关系,其云:"爱,资母者也;敬,资父者也。敬则不敢谏,爱则不敢不谏。爱敬相摩,而忠言进出矣。故为子而忘其亲,为臣而忘其君,臣子之大戒也。然则忠孝之义并与曰,何为其然也? 忠者,孝之推也。忠之于天地,犹疾雷之致风雨。孝者,天地之经义也。物之所以生,物之所以成也。以孝事君则忠,以孝事长则顺,以孝事友则信,以孝事鬼神则格,以孝事天地则礼乐和平,祸患不生,灾害不作。故孝之于经义,莫得而并也。"⑤

"爱"与"敬"保持着一种张力,"爱"与"敬"又同时都是"孝"的内容。"以孝作忠"后,"爱"与"敬"同样也是"忠"的内容,因此,"忠言"即是出自"爱敬相摩"。"忠"是由"孝"推广出去而得到的,但不论是"忠"还是"孝",皆是天经地义的。"忠"与"孝"的关系仅是与

---

① [明]黄道周:《孝经集传·广扬名章第十四》,四库全书本。
② [明]黄道周:《孝经集传·事君章第十七》,四库全书本。
③ [明]黄道周:《孝经集传·五刑章第十一》,四库全书本。
④ [明]黄道周:《孝经集传·事君章第十七》,四库全书本。引文稍有阙,《孟子》原文为:"……人少,则慕父母;知好色,则慕少艾;有妻子,则慕妻子;仕则慕君,不得于君则热中。大孝终身慕父母。五十而慕者,予于大舜见之矣。"(《孟子·万章上》)
⑤ [明]黄道周:《孝经集传·事君章第十七》,四库全书本。

"孝"相生相连的众多关系中的一事,此外,"顺"、"信"、"格"等都由"孝"生而又与之相连。"孝"的推极之处即是天下太平,"以孝事天地则礼乐和平,祸患不生,灾害不作"。

六、结　语

　　黄道周的《孝经集传》在传注形式和学理阐释上都做了一次全新的尝试,黄道周的《孝经集传》引《孟子》条文以为传注,既是对孟子思想的一次更化,又是对《孝经》与《孟子》关系的一次升华。在黄道周的这次尝试中,我们看到了《孝经》与《孟子》之间有关于"孝"的重要连接。他尝试将孟子"居仁由义"做有关于仁义与孝悌的关联阐释,仁义即是孝悌的核心与实质;也借"尧舜之道"发明虞舜之象与孝悌之义,仁义、孝悌、尧舜之道在某个层面上是互通的;同时还通过讲论"孝"与"教"理解"教之所由生"义,以孝为教启发我们思考何谓教育;又通过对"杨墨"之道的距斥说明"以孝作忠"之义,在遗忘中不断刺痛我们回忆"孝"的伦理意义。这些尝试使我们看到了不同的《孝经》与《孟子》,也看到了一位不一般的明末大儒。黄道周一生奉行与坚守着孝道,他试图将孝悌之道化入其对于政治的理解之中,晚年更是著述《孝经集传》以示后学。这是黄道周将"孝"的伦理思想化入家国中的一次深刻实践,这次实践将持续影响后人,使我们不断思考、省察孝悌之道如何在不断更新的社会中重新被激活。

传统伦理的"转换性创造"：李泽厚的伦理进路

陆宽宽[*]

在《伦理学纲要》一书的序言中，李泽厚曾指出，他所想要探究的，是中国传统伦理"优长待传和缺失待补，以及如何传如何补"[①]。而其中的关键，就是"转换性创造"。"转换性创造"或"转化性创造"是李泽厚对"创造性转化"（creative transformation）一语的逆用。"创造性转化"是林毓生教授于 20 世纪 70 年代在反思和修正"五四"时期自由主义对传统文化的激进否定态度时所提出的一个概念，所谓"创造性转化"，就是"把一些文化传统中的符号与价值系统加以改造，使经过改造的符号与价值系统变成有利于变迁的种子，同时在变迁的过程中继续保持对文化的认同"[②]。在林毓生看来，"五四"自由主义对传统文化的全盘否定态度并不可取，因为这会直接导致自由主义在中国的发展无法获得传统文化的有效支持，从而最终导致自由主义成为中国文化中的失落者。于是他提出"创造性转化"，重视现代与传统之间的连续性，以便使创造出来的新事物和传统之间保持一种辩证的连续。但正如陈来教授所指出的，"创造性转化"的实质是通过转化、改造传统的观念从而"使社会变迁和文化认同统一起来"，但其局限在于，"对传统观念的转化只是在'有利于自由民主'一个向度上"[③]。李泽厚也批评说，"创造性转化"实际上"就是转换到既定模式里面去的，那个模式是什么？就是美国模式"[④]。因此，李泽厚虽然借用了林毓生的这一术语，但却反其道而用之。对于林毓生而言，"创造性转化"的中心词是"转化"，转化的对象是中国传统文化，通过转化，在传统中创造出新的东西，从而有利于传统的时代变迁。但在转化的过程中，"新"的东西虽然是从传统中创造出来的，但创造本身是有着前定模式存在的，就是说，是"新"模式在先，然后再从传统中"转化"出有利于"新"模式的因素。而李泽厚的"转换性创造"的立足点不是在"转换"，而是在"创造"上，是要创造一个新的模式。只不过，这种创造的过程是转换的，是渐进、积累、改良和试错的过程，而非革命、激进、一蹴而就的过程。因此，所谓"转换性创造"实际上也就是慢慢

[*] 陆宽宽，北方工业大学马克思主义学院讲师。

[①] 李泽厚：《伦理学纲要》，北京，人民日报出版社，2010 年版，第 2 页。

[②] 林毓生：《中国传统的创造性转化》，北京，生活·读书·新知三联书店，1988 年版，第 324 页。

[③] 陈来：《"创造性转化"观念的由来和发展》，《中华读书报》，2016 年 12 月 7 日，第 5 版。

[④] 李泽厚：《李泽厚对话集·廿一世纪（二）》，北京，中华书局，2014 年版，第 174 页。

地创造、改良性地创造,通过逐渐地创新而走出一条真正适合中国传统伦理发展的思想体系和实践道路。

理解了什么是"转换性创造",接下来的问题便是,如何进行这种"转换性创造"? 关于如何"转创"的问题,李泽厚曾有过总结性暗示。在《伦理学纲要》的序言中,李泽厚说他的伦理学虽然在结构上无系统可言,且多有重复之语,但前后却有着一致性,并不断拓展。总体来看就是在其历史本体论的哲学视角下,从"人性"出发,"将道德、伦理作内外二分,道德作宗教性与社会性二分,人性作能力、情感、观念三分",并在此基础上提出"共同人性"、"新一轮儒法互用"等范畴来讨论伦理学中的一些根本性问题。① 就此而言,我们可以将这三个"分"视作李泽厚对传统伦理进行转换性创造的主要途径,也即李泽厚的伦理进路。但需要注意的是,李泽厚的伦理进路并不单单是"分",还涉及"分"后的整合问题,比如在伦理道德二分后的由伦理而道德的问题、道德结构二分后的建构和范导问题、道德心理结构三分后的道德动力问题,等等。因此,我们也许可以将这种路径概括为"区分—整合"的进路。而作为伦理进路,我们不仅应注意到李泽厚的伦理区分,还应当注意到其中的道德整合。

一、道德与伦理的内外之分

李泽厚伦理进路中的第一个"分"就是道德和伦理之间的内外之分。伦理和道德之间的关联一直是伦理学中的一个基本问题。在传统伦理学的语境中,伦理和道德通常都被视为同义语,无论是从历史还是现实来看,伦理作为群体规范,道德作为个体心理与行为,二者之间本来就有着深切的亲缘性,难以分割,伦理道德连用甚或混用的现象即便在现代伦理学中依然存在,这也是合理且难免的。但无可否认的是,二者又确有不同。因此,强调二者之间的区分仍十分必要。在李泽厚看来,这一方面"有利于澄清好些说不明白的伦理学问题",另一方面也有助于明确他的一个基本伦理观点,"即由外而内、由伦理而道德的路线,这条路线也可以称为历史-教育路线"。这也是李泽厚有关"历史主义人性积淀说"的一个重要部分。②

众所周知,在古希腊,后世意义上的伦理(ethical)和道德(morality)之间的区分并未出现,"伦理的"就是"道德的"(ethike),二者都是由同一个词(ethos)变形而来,表示风俗、

---

① 李泽厚:《伦理学纲要》,北京,人民日报出版社,2010 年版,第 2 页。
② 李泽厚:《伦理学纲要续篇》,北京,生活·读书·新知三联书店,2017 年版,第 333 页。

习惯、道德等等。所以在《尼各马可伦理学》中,亚里士多德指出:"道德德性则通过习惯养成,因此它的名字'道德的'也是从'习惯'这个词演变而来的。"①到了古罗马时期,(据说)西塞罗为了将希腊语 ethos 翻译成拉丁语,便根据拉丁语 mores(习俗、性格)创造了形容词 moralis,表示国家生活中的道德风俗和人们的道德个性,后来演变为英语中的 morality。由此可见,"伦理"和"道德"在词义上有着本然的亲缘性,它们在古希腊语中有着共同的源头,这也是后人常常将二者连用或互用的一个重要原因。在西方伦理思想史上,黑格尔可以说是第一个在伦理和道德之间做出重要区分的人。在《法哲学原理》中,黑格尔阐释了"法"(Recht;right,law)的本质即自由意志的自我实现,这一过程分为三个环节,道德和伦理便包含在其中。法哲学的第一个环节是抽象法。黑格尔说,法是"自由意志的定在"②,法的命令是:"成为一个人,并尊敬他人为人。"③因此,法的最初形态就是自由意志以直接的方式给予自身以定在。这包括三个环节,即:占有(所有权)、契约和不法。但是这种法权意义上的自由并不是真正的自由,而只是一种抽象自由。自由还必须上升到更高阶段,即道德。在黑格尔看来,道德是对于抽象法的扬弃,是主观意志的法。在道德的领域,"我不再是仅仅在直接事物中是自由的,而且在被抛弃了的直接性中也是自由的,这就是说,我在我本身中、在主观中是自由的"④。道德发展的第一阶段是故意和责任,第二阶段是意图和福利,第三阶段是行为与动机的统一,即善和良心。善和良心虽然达到了道德的最高阶段,但仍旧是主观的。而真正的道德还应当是客观的,是现实的。于是自由意志便从主观的道德发展至客观的伦理,从而实现抽象与具体、主观与客观的统一。伦理最初实现在家庭中,进而是市民社会,最后是国家。国家是伦理理想的实现,只有在国家中,"个体独立性和普遍实体性"才能"完成巨大统一"⑤。总之,在黑格尔那里,伦理是道德的更高阶段,道德所代表的是主观意志的法,而伦理则是主观意志的客观实现,是主客观的具体历史的统一。

现代汉语中对于"伦理"和"道德"的理解基本上是通过对汉字的训诂和诠释来完成的。"伦",繁体字作"倫";侖,从亼(表聚集),从册(编竹简),表示"集合简牍编排次序之意",本义指有次序条理,加上偏旁"亻"之后,表示人际关系有次序、有条理。⑥"理",本义为"治玉",引申为治理、办理,后又引申为一般事物的纹理、条理、道理等义。综之,"伦理"大体上就是指关于人际之序的道理。"道"的含义十分丰富,最主要的有如下几种:

---

① [古希腊]亚里士多德:《尼各马可伦理学》,廖申白译注,北京,商务印书馆,2003 年版,第 35 页。
② [德]黑格尔:《法哲学原理》,范扬、张企泰译,北京,商务印书馆,1961 年版,第 36 页。
③ [德]黑格尔:《法哲学原理》,范扬、张企泰译,北京,商务印书馆,1961 年版,第 46 页。
④ [德]黑格尔:《法哲学原理》,范扬、张企泰译,北京,商务印书馆,1961 年版,第 43 页。
⑤ [德]黑格尔:《法哲学原理》,范扬、张企泰译,北京,商务印书馆,1961 年版,第 43 页。
⑥ 谷衍奎编:《汉字源流字典》,北京,华夏出版社,2003 年版,第 72 页。

①引导;②道路,方向;③途径,方法;④道理,规律,也包括道家所说的宇宙本体和万物之源;⑤学说,主张;⑥道义,正道;等等。① 简言之,"道"就是本体、道路、规律、方法和方向,它"有一种天然合理性的意蕴,即人们所认识和理解的应该如此(应然性)"②。关于"德",按照谷衍奎等人的说法,"德"在甲骨文中从彳(街道),从直,表示"视正行直"之意,金文加上了心或以心代彳,突出"心地正直"之意。③《说文解字》中说,德,从彳,惪声。彳和行走有关,而惪则表示"外得于人,内得于己也"。段玉裁注曰:"内得于己,谓身心所自得也。外得于人,谓惠泽使人得之也。"④就是说,所谓"德"(惪)就是通过行(实践、行为)而使人和己都能有所得。朱熹也表示,"德者,得也,得其道于心而不失之谓也"⑤。正因为"德"、"得"相通,有德之人通过自身的行为既能使人有所得又能使己于心有所得,所以德才逐渐成为一种内在的美好品质。就此而言,"道德"就可以理解为人通过对于"道"的体认、把握、理解,尤其是实践而使自身具有一种于人己都有益处的美好品格。总之,在汉语中,"伦理"更偏重于人与人之间的应然秩序和关系,而"道德"更偏重于个体在体"道"的基础上所获致的内在品格。这与 ethics 和 morality 分别所表达的多重内涵虽然存在一定的差别,但二者外内有别的总体格局在翻译中大体还是保留了下来。

李泽厚对于道德和伦理的区分基本延续了这种内外之别,但也加入了一些独特的理解。比如李泽厚就认为,他和黑格尔最大的不同就在于,黑格尔只是把道德视为抽象的普遍原则,"而根本没注意和重视道德作为非常具体的个体心理结构形式的重要性"⑥,而这正是李泽厚十分看重的地方。李泽厚把伦理理解为"外在的制度、风习、秩序、规范、准则",把道德看作是"遵循、履行这些制度、习俗、秩序、规范、准则的心理特征和行为"。⑦ 伦理规范是相对的,其内容是随着历史的发展和社会的变迁而不断变异更新的。道德作为个体的心理和行为,虽然在现实中也有不同的表现,但这些道德行为并非康德意义上的严格道德。按照康德的理解,只有"自己立意如此能'普遍立法'的行为,才能算是道德"⑧,其他遵守规范和准则的一般行为都不过是假言命名的行为,不具有绝对的价值。因此李泽厚认为,道德就是自己自觉自愿去做的行为,它不同于遵守法律等他律行为,而是内在的自律行为,其在心理形式上也就意味着理性对感性的主宰("理性凝聚"),

---

① 谷衍奎编:《汉字源流字典》,北京,华夏出版社,2003 年版,第 723—724 页;《古代汉语词典》,北京,商务印书馆,2002 年版,第 296 页。
② 刘仁贵:《再论伦理与道德的关系》,《第二届中国伦理学青年论坛论文集》,2012 年版,第 77 页。
③ 谷衍奎编:《汉字源流字典》,北京,华夏出版社,2003 年版,第 679 页。
④ 许慎:《说文解字》,段玉裁注,上海,上海古籍出版社,1981 年版,第 502 页。
⑤ 朱熹:《四书章句集注·述而第七》,北京,中华书局,2012 年版,第 94 页。
⑥ 李泽厚:《回应桑德尔及其他》,北京,生活·读书·新知三联书店,2014 年版,第 71—72 页。
⑦ 李泽厚:《回应桑德尔及其他》,北京,生活·读书·新知三联书店,2014 年版,第 72 页。
⑧ 李泽厚:《回应桑德尔及其他》,北京,生活·读书·新知三联书店,2014 年版,第 72 页。

即自由意志的行为。

李泽厚对于伦理的理解实际上是综合了古希腊、黑格尔包括现代汉语中对伦理的解释。比如，当李泽厚把伦理视为外在的风俗、习惯、规范、准则之时，实际上所回应的就是古希腊对于 ethos(伦理)的理解。在古希腊，"伦理"最初的含义就是"灵长类生物生长的持久生存地"。持久生存地之所以需要伦理，就是因为人世中存在着这样一种矛盾："个体在意识中追求自由，但行动却具有相互性。"这一矛盾导致人们对于彼此的行为有一种确定性的期待，这种期待推进了习惯的形成和发展，其中，那些受到鼓励的习惯便成了"德性"。在习惯和德性的作用下，人们便形成了相互交往的可靠空间，即"伦理场"。"这样，在原初的观念中，善就是使可靠性得以发生的东西，所以在英文中，'habit'(习惯)与'habitation'(居住)相通，并与'伦理'相互诠释。"①当李泽厚说"伦理"是外在的制度②(如家庭、婚姻、市民社会、集团、国家等)时，这显然又是在回应黑格尔对于伦理的理解；而作为秩序的伦理，又与现代汉语中有关伦理的理解相一致。总之，"伦理"在李泽厚那里基本上属于一个用来表达外在客观的社会关系以及与此相应的在交往中约定俗成的应然性规范要求的概念，是"外在社会对人的行为的规范和要求"③。

相比于伦理的外在规范而言，道德在李泽厚那里主要是一个用来表达"人的内在规范"④的概念。李泽厚格外重视道德，尤其是道德心理结构，这也与其注重人性心理形式有着内在的关联。李泽厚对于道德的理解直接承康德而来。在康德看来，道德是纯粹出于(而不单单是符合)义务(由敬重法则而来的行动必然性)的行为，是绝对命令而非假言命令，它不指向其他的目的或益处，而只是立意如此的普遍立法行为，因为只有这样的纯粹必然性才够得上道德的价值光辉。康德伦理学虽然面临着很多的质疑和挑战，但李泽厚却在其中发现了一个十分重要的贡献，那就是康德伦理学以崇高的"绝对命令"表达了伦理行为中理性主宰感性的本质特征。也就是说，先验的绝对命令并不是具体历史时空中针对某个特定群体或个人的道德必然性要求，而是一种具有人类共同性的道德心理形式，即理性对感性的主宰和支配(理性的普遍立法)，所有的伦理和道德行为，在心理结构的形式上，都是理性凝聚的自由意志行为。只有这种理性主宰的绝对心理形式才是人类道德行为中所普遍具有的理性结构。如此一来，李泽厚把康德视作具体道德要求的"绝

---

① 樊浩：《"伦理"——"道德"的历史哲学形态》，《学习与探索》，2011年第1期，第8—9页。
② 英语中的"制度"(institution)一词来源于拉丁语 institutio，原意为风俗、习惯、教导、指示等；在社会学领域，制度通常被看作是"在一定历史条件下形成的社会关系和与此相联系的社会活动的规范体系"(吴增基：《现代社会学》，上海，上海人民出版社，1997年版，第250页)。由此可见，外在的制度与伦理规范之间有着密切的关联，伦理学中的各种职业伦理规范也都是基于此种关系而产生的。
③ 李泽厚：《伦理学纲要》，北京，人民日报出版社，2010年版，第102页。
④ 李泽厚：《伦理学纲要》，北京，人民日报出版社，2010年版，第102页。

对命令"改造为通由历史经验而成的一种为人类所普遍具有的心理结构形式,从而既彰显了自己道德学说的历史积淀论特色,同时也为康德的伦理学研究打开了新的理论视野。

关于伦理和道德之间的内在关联,李泽厚明确指出,道德是由伦理而来的,这是一个由外而内的历史-教育过程。伦理内化为道德的过程实际上也就是人性历史地积淀而成的过程。它通过历史(就人类而言)和教育(就个体而言),使外在的伦理规范和要求逐渐内化到个体心理之中,成为个体的一种道德自觉和自律,并通过具体行为表现出来。值得注意的是,这种由外而内、由伦理而道德的过程并不轻松愉悦,而是带有"严厉强迫的过程和性质"①。从远古的"巫术礼仪"到周代到礼仪规范,礼仪的规范性始终是与严厉的规训和惩罚密切相关的,任何与伦理规范有悖的行为都会受到相应的惩罚,直到个体将这种外在的规范内化为心理上的自觉甚至行为无意识,个体的道德人格才算基本形成。这也就是中国传统伦理上所说的"立于礼"和"成人"。因此,后人眼中那种温情脉脉、揖让进退的"礼"恰恰不是礼的原初状态,而是孔子"释礼归仁",将礼的来源根植于人内心的仁爱情感以后,礼才呈现出来的实践面孔。在此之前,所谓"周人以栗,曰:使民战栗"(《论语·八佾》)实际上恰恰表明,"所谓德治、礼治,在开始时期是建立在习惯法的严厉惩罚之上的"②。总之,"礼"作为伦理规范乃是对于个体道德心理的一种塑造,"内在道德的良知良能,归根到底是来自外在群体的严格和严厉的伦理命令"③。

外在伦理规范内化为道德后在个体道德心理结构上的表现便是"理性凝聚"的自由意志。在李泽厚看来,自由意志乃是人类伦理行为的本质和主要形式,其基本特征在于:"人意识到自己个体性的感性生存与群体社会性的理性要求处在尖锐的矛盾冲突之中,个体最终自觉牺牲一己的利益、权力、幸福以至生存和生命,以服从某种群体(家庭、氏族、国家、民族、阶级、集团、文化等等)的要求、义务、指令或利益。"④我们说,李泽厚把伦理行为的主要形式归结为自由意志这一点还是比较符合伦理学的基本观点的,正如罗国杰教授曾指出的,伦理学就是以道德为自己研究对象的科学,伦理学的最基本问题"就是道德和利益的关系问题"⑤,或者更简单来说也就是"义利关系"问题。道德行为之所以是道德的,就是因为自由意志能够使人自觉自愿地舍利而取义。由此可见,道德行为首先是人类自觉自愿的态度和行为,虽然动物有时也会为了群体的生存延续而自我牺牲,

① 李泽厚:《伦理学纲要续篇》,北京,生活·读书·新知三联书店,2017 年版,第 342 页。
② 李泽厚:《伦理学纲要续篇》,北京,生活·读书·新知三联书店,2017 年版,第 342 页。
③ 李泽厚:《伦理学纲要续篇》,北京,生活·读书·新知三联书店,2017 年版,第 343 页。
④ 李泽厚:《历史本体论·己卯五说》,北京,生活·读书·新知三联书店,2008 年版,第 249 页。
⑤ 罗国杰:《伦理学》,北京,人民出版社,1989 年版,第 11 页。

但我们很难说它们具有这种自由自觉的"意志"。其次,由于这种意志主导下的道德行为常常与自己的利益相悖,甚至要求做出重大牺牲,因此道德行为往往也就是不受因果利害关系所支配的自由意志行为,它们在本质上具有"超利害性"①。

二、道德结构的二分

李泽厚对传统伦理进行转换性创造的第二个重要进路就是在结构上对道德进行二分,把道德分成宗教性道德和现代社会性道德。其中,宗教性道德"完全相信并竭力论证存在着一种不仅超越人类个体而且也超越人类总体的天意、上帝或理性,正是它们制定了人类(当然更包括个体)所必须服从的道德律令或伦理规则"②。对于它的信奉者而言,这种道德所要求的就是普遍而绝对的规范,它放之四海而皆准,历时古今而不变,它就是真理、道路和意义,人生在世,无论处于何种生活境遇,都要尽力遵守这些命令,完成自己应尽的义务。因此,宗教性道德实际上便是"把个人的'灵魂拯救'、'安身立命'即人生意义、个体价值均放置在这个绝对律令之下,取得安息、安顿、依存、寄托"③。它虽然以道德的方式表现出来,但对于道德主体而言却具有宗教般的功能:一是宗教性道德作为"绝对命令",是不可抗拒、无可辩驳的规范性要求;二是宗教性道德作为"超验或先验的理性的命令,却要求经验性的情感、信仰、爱敬、畏惧来支持和实现"④;三是宗教性道德同样常常会伴随着各种仪式性的活动、举止和组织⑤,如集会、宣誓等,以加强和巩固上述内心情感。就此而言,宗教性道德实际上就相当于发挥宗教功能的道德规范,它虽然不同于宗教诫命,但能够为现代社会中的个人乃至群体提供安身立命、终极关怀的精神慰藉,使个体即便历经磨难甚至献出生命,也能够从容面对,义无反顾。这种道德精神境界不仅能够彰显作为主体性的人的崇高尊严,也有助于个体追求道德完善和灵魂安宁,从而具有重要的时代意义。⑥

---

① 肖群忠:《李泽厚道德观述论》,《社会科学战线》,2012年第10期,第24页。
② 李泽厚:《伦理学纲要》,北京,人民日报出版社,2010年版,第22页。
③ 李泽厚:《伦理学纲要》,北京,人民日报出版社,2010年版,第22页。
④ 李泽厚:《伦理学纲要》,北京,人民日报出版社,2010年版,第23页。
⑤ 按照李泽厚的描述,这种宗教性道德在现代社会中主要存在于那些宗教、半宗教甚至非宗教群体中,近世世俗性的某些"主义"也可以算入其中。
⑥ 就此而言,李泽厚虽然对牟宗三、杜维明等人所提倡的"儒学第三期"发展颇有微词,并将其斥之为"现代宋明理学",但李泽厚依然认可"三期儒学"在安顿现代人的精神生活方面所做的重要贡献,并鼓励其在该方面做进一步探索(李泽厚:《说儒学四期》,《历史本体论·己卯五说》,北京,生活·读书·新知三联书店,2008年版,第153页)。

宗教性道德源自何处呢？中国古人会认为来自天理,而对于不同的宗教信仰者而言,答案又可能是他们所信奉的上帝或神明,但这些回答在多元文化世界中并不具有普遍可接受性。李泽厚则试图从历史发生学的角度予以回答,那就是宗教性道德起源于社会性道德,也即一定历史条件下的社会群体为维持其生存和延续而对其成员所要求的一些共同行为准则。① 社会性道德既然是社会性的,也就意味着其在特定历史时期和社会生活中具有普遍适用性,作为维系群体关系的准则,它实际上是一种逐渐形成的历史产物,是一种"非人为设计的长久习俗"。② 但是,这些社会性道德中的部分道德观念往往会借由一些传奇性伟大人物(如远古的大巫师、古代各宗教半宗教教主、近代的一些领袖人物等)的言行举止而被赋予一种超越此间人世的神圣性质,从而成为某种具有先验性的准则和律令。一方面来说,"神圣性使它获得了普遍必然性的语言权力,具有非个体甚至非人群集体所能比拟、所可抵御的巨大力量,而成为服从、信仰、敬畏、崇拜的对象"③。当然,从另一个方面来说,在原初时代,一些重要的社会性道德往往也确实需要以神圣性的面貌出现,因为只有这样,才能使人们慑服、信从,既不敢违背,也不能抗争,从而维系族群的生存繁衍。而且在这种强大的神圣道德的笼罩下,个体既能够自觉甘心地为本族群的繁盛而奋斗乃至献身,同时也能在这种奉献中找到个体安身立命的生活价值和意义。

现代社会性道德实际上也就是社会性道德的现代形态。所谓现代社会性道德,"主要是指在现代社会的人际关系和人群交往中,个人在行为活动中所应遵循的自觉原则和标准"④。由于现代人际交往范围的扩大和学科研究的细化,个人在不同的人际交往中应当遵守何种道德原则的问题早已超出伦理学这一门学科的研究范围,而成为多种学科(如政治学、经济学、法学、社会学、心理学等)共同研究的对象。相应地,伦理学与各种学科交叉而成的跨学科伦理学研究(如政治哲学、社会伦理、经济伦理、法伦理以及各种职业伦理等)也大量涌现,甚至成为一时之潮流。

李泽厚说:"以法律形式出现的现代经济政治体制的特征,是以个人为单位基础上的社会契约论思想。"⑤这句话大体包含着三个方面的意思。第一,所谓现代社会主要来说也就是现代经济政治体制社会,现代经济和现代政治是现代社会的两个最重要方面。第二,现代经济政治社会主要以法律形式出现。也就是说,现代社会是一个法治社会,现代

---

① 李泽厚:《伦理学纲要》,北京,人民日报出版社,2010年版,第24页。
② 李泽厚:《伦理学纲要》,北京,人民日报出版社,2010年版,第24—25页。
③ 李泽厚:《伦理学纲要》,北京,人民日报出版社,2010年版,第25页。
④ 李泽厚:《伦理学纲要》,北京,人民日报出版社,2010年版,第33页。
⑤ 李泽厚:《伦理学纲要》,北京,人民日报出版社,2010年版,第33页。

公民的一切社会活动(无论是经济、政治或其他社会活动)都要在法律允许和保障的范围内进行。第三,现代社会的思想特征是个人主义和社会契约论,它们是现代社会的两个基本理论假设。在李泽厚看来,上述对有关现代社会的理解乃是一个极为复杂的问题,需要政治哲学的专门研究,而他所要做的工作只是对现代社会性道德提出两点简单的说明。"第一,现代社会性道德以个体(经验性的生存、利益、幸福)为单位,为主体,为基础。"[①]这就是说,现代社会性道德更注重个体的权利、利益和幸福,权利优先于善,社会由个体组成,个体才是最真实、最根本的存在。社会利益的提升最终也是为了个体权利和价值的实现,即便个体在特定情形下会因为保护社会利益而做出牺牲(如服兵役在战争中牺牲、消防员因公殉职等),但这种牺牲最终指向的仍然是由社会利益所保障的个体利益,社会利益并不构成最终目的。因此,权利是善的边界,对社会利益的促进应当以不损害个体权利为前提。正如罗尔斯所说,"每个人都拥有一种基于正义的不可侵犯性"[②],正义的社会不能为了一些人的更大利益而去侵犯另一些人的合法权利,也不承认大多数人所享有的更大利益能够绰绰有余地补偿少数人为此所做的牺牲。

"第二,现代的社会性道德是以抽象的个人(实质的个人各不同,其先天、后天的各种情况均各不同)和虚幻的'无负荷自我'的平等性的社会契约(实际契约常常没有这种平等)为根本基础的。"[③]在这一点中,李泽厚提到了两个关键词:抽象的个人和虚幻的"无负荷自我"的平等契约。前者表达了社会契约论的一个基本理论前提,即人是自由而理性的个体,因为只有这样的个体才有资格与能力来签订和履行契约。而后者突出的则是这种独立个体之间所签订的契约的公平性,因为只有公平的契约才有签订的可能性和履行的必要性。一者规定了契约的主体,一者规定了契约的性质,两方面合起来才是一个有效的契约。

现代社会性道德是一种普遍性道德,它的理论基础是抽象的个人和平等的契约。由于契约论把现代社会中的人都视为已经签订过并且有能力履行契约的人[④],因此,在这种契约基础上发展而来的道德便也能够普遍地适用于现代社会中的一切人。但这种解释所面临的最大难题就在于这样的契约实际上是不存在的,如果现代社会必须要建立在契约基础上的话,那么现代社会就永远不可能出现。但实际上,契约论的这种假定并非毫无现实根据的幻想,因为,契约论中对于个体自由和经济理性的强调本身就是现代经济政治社会的重要成就。现代契约论者相信,人是自由的理性存在者,现实中的人虽然

① 李泽厚:《伦理学纲要》,北京,人民日报出版社,2010 年版,第 34 页。
② 罗尔斯:《正义论》,何怀宏等译,北京,中国社会科学出版社,1988 年版,第 3 页。
③ 李泽厚:《伦理学纲要》,北京,人民日报出版社,2010 年版,第 35 页。
④ 至于现实中那些部分缺乏或完全没有责任行为能力的人,可以由他们的责任代理人为之签约。

可以有多元的利益和善观念,但他们依然能够运用自己的理性①进行客观的推理和公平的协商,从而达成共识并形成契约。为了保障这种推理的客观有效性,罗尔斯甚至设计出了"无知之幕"(veil of ignorance)。因为,在无知之幕的遮蔽下,人们不知道自己具有何种具体的偏好和善观念,从而也就无法为自己谋私利,个体只能按照公共理性客观推理,这样一来便能够保证推理结果的客观有效性。就此而言我们可以说,抽象个体实际上也就是抽象理性(经济理性),社会契约实际上也就是经济理性的自我建构。

李泽厚之所以将现代社会性道德的基础定位为抽象个人和平等契约,原因就在于他认识到这两点绝不只是契约论的两个虚假设定,而是对于现代经济政治社会基本特征的抽象概括,从而有着深刻的现实渊源。因此,李泽厚便直接从这一根源入手来解释现代社会性道德的普遍必然性。他说:"现代社会性道德的'普遍必然性'乃来自现代经济政治生活",是数百年习俗历史形成的产物,"其所谓'普遍必然性'正是'客观社会性'"。②在前现代社会,个体往往隶属于群体,并以群体的生存和延续作为自己生活的原则和目标,于是"社会性道德经常笼罩在宗教性道德的直接管辖或间接支配之下"③。但随着资本主义生产方式的推广、市场经济的扩张和启蒙主义对于理性、个体的高扬,人们的物质条件和生活方式愈发趋于近似和同一,尤其是随着经济全球化的进一步加深,世界各个国家和地区在商业市场的宣传和引导下,不仅共享着相同的物质生活,甚至也共享着彼此的文化价值观念④。虽然亨廷顿的"文明冲突论"不乏深刻的远见,但就世界的整体发展趋势而言,李泽厚认为,理解与共识还是会越来越多(当然,这些共识也远未达到让"历史终结"的程度)。随着现代经济社会的成功,其背后的价值理念,如个人自由、经济理性、民主法治、公平正义等,也开始得到了有效的传播和承认,而以此为基础所建立和形成的现代社会性道德,也逐渐走出了传统的束缚,开始与宗教性道德相脱钩。现代社会性道德的一些基本命题(如程序优先、尊重权利等)也随着历史经济的进程而逐渐在世界范围内传播开来。李泽厚当然也意识到了"文明冲突"的问题,但他仍乐观地表示,尽管存在着困难和曲折,但现代社会性道德似乎总能冲破种种地区和文化的限制,成为普遍道德,这也是现代性的一个重要标记。⑤

关于现代社会性道德和宗教性道德在现代道德体系中的关系和作用,李泽厚分别用

---

① 自韦伯以来,现代理性通常都会被理解为工具理性或经济理性,这种理性的典型特征就是逻辑推理和数学计算,因此,人们相信,只要能够排除偏好的影响,理性计算的结果便是一致的。或者说,客观理性具有推理一致性。

② 李泽厚:《伦理学纲要》,北京,人民日报出版社,2010 年版,第 35 页。

③ 李泽厚:《伦理学纲要》,北京,人民日报出版社,2010 年版,第 35 页。

④ 如中国年轻人会过圣诞节,西方也有不少人会过春节。

⑤ 李泽厚:《伦理学纲要》,北京,人民日报出版社,2010 年版,第 36 页。

"建构"和"范导"予以概括。"建构"和"范导"本是康德哲学中的两个方法论概念。其中，建构性(konstitutiv)方法是知性所使用的方法，其目的是产生经验知识。经验知识有两方面的来源，感性直观和知性概念，建构就发生在后者对前者的作用中。知性建构的对象是人的感性直观为知性所提供的各种素材(现象世界)，它所使用的原则，是从范畴中引申出来对经验加以综合的先天原理。康德说，建构性原则就是"把客体如同它所具有的那种性状来作规定的原则"①，也就是"去规定一个客体及其客观实在性"②的原则。知性通过这些原则而对感性直观材料加以思维，结果便是对这些对象进行了规定，从而使经验具有了客观实在性。

范导的(regulativ)方法则是理性(包括理论理性和实践理性)和反思判断力所使用的方法，主要运用于自然和道德两大领域。在自然领域，范导方法的一个方面是理性对知性活动以及由此产生的经验知识的作用，康德把"一切不是从客体的性状，而是从理性对这个客体的知识的某种可能完善性的兴趣中取得的主观原理称之为理性的准则"③，这些准则作为范导原理，"在考察自然界时按照一条知性永远也达不到的完整性原则来引导知性本身，并由此来促进一切知识的最终意图"④。简言之，理性通过对知识完善性的兴趣中所取得的范导性原理来"引导知性在其经验活动中向知识统一的目标前进"⑤。范导方法在自然领域的第二个方面的运用主要是针对有机生命体的。在康德看来，有机生命体现象无法通过建构性的机械自然因果律加以解释，因此他便引入了"目的"的概念，并提出了"目的因的因果联系"以作为研究有机生命现象的指导法则，从而"引导反思判断力把生命有机体看作是其各部分互为目的与手段的、自组织的、合乎目的的存在"。但由于"目的"概念并非有机体自身所具有的，而只是我们为了对有机体加以研究而设定给有机体的一种主观"理念"，因此，这种指导原则便不是建构性的，而是范导性的，是引导我们对有机体进行合目的性判定的原理。

范导方法的另一个更重要的应用领域是道德领域。在康德哲学中，道德是一个实践的范畴，它涉及的是人的欲求和行为。道德行为需要一定的法则，但这种法则不能以感觉经验为根据，不能从苦乐原则中推出，因为在感觉经验中，人的欲求和行为是由感性欲

① 康德:《判断力批判》,《康德三大批判合集》(下),邓晓芒译,杨祖陶校,北京,人民出版社,2009 年版,第438 页。
② 康德:《判断力批判》,《康德三大批判合集》(下),邓晓芒译,杨祖陶校,北京,人民出版社,2009 年版,第439 页。
③ 康德:《纯粹理性批判》,《康德三大批判合集》(上),邓晓芒译,杨祖陶校,北京,人民出版社,2009 年版,第 455 页。
④ 康德:《判断力批判》,《康德三大批判合集》(下),邓晓芒译,杨祖陶校,北京,人民出版社,2009 年版,第218 页。
⑤ 陈嘉明:《建构与范导——康德哲学的方法论》,上海,上海人民出版社,2013 年版,第 14-15 页。

望和自然冲动摆布的,是受自然因果链条法则支配的。但道德行为却是自由的行为,它不受自然因果律的束缚,因此,这样的法则只能来源于先天,其性质也只能是形式的。正如陈嘉明教授所说,"康德所强调的他的新思维方法的根本之处,就在于指明思维的符合规则性、行为的符合规则性。所谓'先验哲学',其先验性正在于指出不论是科学认识或道德行为,都是只有按照先天规则才是可能的"①。因此,在康德那里,如果知性是按规则思维的话,那么(实践)理性就是按规则行动。而所谓实践,也就是合目的性的道德活动,它内在地包含着遵从规则和实现目的的双重性格。但与知性规则的建构性作用不同,实践理性的道德规则是范导性的,是用来调整和规范人的行为的。"德语'范导'一词,本来就是规范、调节的意思。"②道德法则之所以是范导性的,其根本原因就在于道德属于本体世界,它服从的不是必然律,而是自由律。自由是道德法则得以存在的前提,但自由并不是知性可以认识的对象,而是理性思考的对象,我们虽然能够通过道德行为在感性世界所产生的结果来证实自由的存在,但我们的知性却永远无法直观到自由。自由只能是理性的设定,而非认知的对象,以自由为前提的道德法则所颁布的命令也只能以"应当"的形式来表达,因此,它对于人的行为所起的也只是范导性的作用,而非建构和规定的作用。

总之,建构是知性的方法,它使得客观经验成为可能,并且使得这种经验具有普遍必然性;范导则是理性和反思判断力的方法,它引导人们以一种合目的性的方式来统握自然和道德。从更宽泛的意义上来说,建构原理在本质上是一种规则和构造原理,它使得普遍必然的客观性成为可能;而范导原理在本质上是一种主观性原理,它为对象设定目标,并按照目标来引导、调节对象的认知和行为。李泽厚对于"建构"和"范导"的使用主要是从一种宽泛的意义上来说的。李泽厚认为,如今,现代社会性道德和宗教性道德应当有所区分,并在各自的领域中发挥相应的功能,只有这样才能更好地服务于现代道德生活。统言之,现代社会性道德可在现代道德生活中发挥一种普遍必然的建构作用,而宗教性道德则可以在与现代社会性道德相区分的前提下对后者发挥范导和适当建构③作用。

---

① 陈嘉明:《建构与范导——康德哲学的方法论》,上海,上海人民出版社,2013年版,第205页。
② 陈嘉明:《建构与范导——康德哲学的方法论》,上海,上海人民出版社,2013年版,第16页。
③ 从《伦理学纲要》一书的前后表述来看,在2001年的《两种道德论》一文中,李泽厚使用更多的还是宗教性道德的"范导"作用,直到在2006年的《答问》一文中,李泽厚才提到了宗教性道德的"范导和适当建构"作用,并强调在"适当建构"中存在着的"度"的问题。但实际上,在2001年的那篇文章中,"适当建构"的想法已经在李泽厚的行文中表现出来了,在其中,李泽厚已经提到了"哪一些私德(宗教性道德)可以因范导而进入规定公德(社会性道德),哪一些不可以"的问题(李泽厚:《伦理学纲要》,北京,人民日报出版社,2010年版,第55页)。我们可以将之视为"适当建构"观念的雏形。

在李泽厚看来,政治、宗教、伦理三合一的传统道德走向现代社会性道德和宗教性道德的分途乃是现代社会发展之必然结果。现代社会性道德是现代社会的基本道德,它以现代政治经济社会的发展为现实基础,以个人自由、公平契约为理论起点,要求现代社会中的所有个体都应当自觉遵守共同的道德规范。现代社会性道德在实质上属于社会公德,它所提出的道德要求之所以具有普遍必然性,在根本上是源于现代经济、政治和社会的发展。正因为现代社会中的人们分享着大体共同的经济生活,受惠于共同的科技成果,并在此基础上共享着一些基本的价值理念和追求,所以现代社会才能够形成一些具有普遍必然性的公共道德规范,从而成为维系现代社会人际交往的基本道德准则。现代社会性道德之所以是"建构性"的,原因就在于(如果我们仿照康德式的表述来说的话)这些道德是可以认知、理解和解释的,它是人类的理性(康德意义上的知性)按照一定的先验原理,如个人自由和社会契约(这些原理对个人而言是先验的,但对于人类而言仍是经验的,即现代经济和政治社会生活的历史产物),在现代社会生活中逐步建立起来的一系列道德规范。这些规范是客观而真实的,即便这种客观真实性无法同自然科学所要求的那种确定性相媲美①,但它依然能够作为一种普遍性要求而得到现代社会的承认,而且,现代政治经济社会越发展,它的这种普遍必然性要求也就越能得到凸显。

而与之相应的宗教性道德虽然(尤其是在传统社会中)一直在寻求这种普遍必然性,但它恰恰没有这样的普遍必然性,尤其是随着现代社会的来临,现代社会性道德与宗教性道德逐渐脱钩,宗教性道德的普遍必然性更是无从依附了。在李泽厚看来,"两德"在现代社会分立以后,宗教性道德便逐渐退回到个人私德的层面了,它不能也不应当再在现代社会的道德生活中"指点江山"了。但这并不意味着宗教性道德在现代社会就是可有可无的甚或可以彻底摒弃的道德,恰恰相反,宗教性道德可以在与现代社会性道德相区分的基础上对其发挥"范导"和"适当建构"的作用。一方面,之所以是"范导"而非"建构"是因为,宗教性道德所设定的道德目的在现代社会并不具有普遍必然性,而更像是与私人意识、情感、信仰相关的个体追求,"现代社会性道德主要是一种理性规定,宗教性道德则无论中外都与有一定情感紧相联系的信仰、观念相关"②。理性(知性)具有公共性、普遍性,而情感、信仰等则是相对的、特殊的,个体性较为突出,共识性较小,因此前者能够用来建构和规定,后者则主要是范导和指引。另一方面,之所以又是"适当建构",是因为虽然李泽厚反对传统文化和宗教在现代社会中发挥道德建构作用,但他仍清醒地意识

---

① 正如亚里士多德所说,我们只能"在每种事物中只寻求那种题材的本性所容有的确切性。只要求一个数学家提出一个大致的说法,与要求一位修辞学家做出严格的证明同样不合理。"(亚里士多德:《尼各马可伦理学》,廖申白译注,北京,商务印书馆,2003 年版,第 7 页。)

② 李泽厚:《伦理学纲要》,北京,人民日报出版社,2010 年版,第 49 页。

到传统文化和道德所具有的强大心理延缓性,传统道德将无可避免地会以各种方式作用于现代社会性道德,因而也需要对之给予适当的认同。所以,"适当建构"的关键就在于这"适当"二字,它虽然有建构的倾向性,能够进行"渗入、干预和作用",但它不等于建构,也即不能达到建构或"决定"的地步。而这也正是李泽厚所一直强调的在具体实践和操作中对"度"的把握问题,"即随各种不同具体'情境'而有不同的对待处理"①。

三、道德心理结构的三分

道德心理结构的三分是李泽厚对传统伦理进行转换性创造的第三个进路。在该进路中,李泽厚把道德心理结构分为道德能力、道德情感和善恶观念三个部分。三个部分之间彼此关联,相互作用,在现实中很难真正区分,因此李泽厚也认为这种区分实际上是为了更好地认识道德而做的一种理想型区分。在这三者中,道德能力是人的意志能力,也即"理性凝聚"的自由意志,是道德行为的主要形式;善恶观念是具有特定社会意识的认知,也是自由意志的具体内容;道德能力和善恶观念共同构成了作为道德之特征的"理主宰欲"中的理性,也即道德心理和行为的动力,道德情感则是道德行为的重要助力,它与道德能力和善恶观念一起共同推动道德行为的产生。

道德能力也即李泽厚所谓的人性能力,在伦理学上又可以称为意志能力。在李泽厚看来,道德的本质特征就在于理性对感性、欲求、本能等的主宰和克服,使人能够立意如此,按照内心所认同的道德规范(涉及正确的善恶观念和积极的道德情感)来行动。这种立意如此的道德行动力或执行力就是我们所说的道德能力或意志能力,它的特征就是"理性凝聚",在李泽厚"人性"三分中所对应的便是"人性能力"。意志能力是人性的核心,也是道德的本质。在李泽厚看来,道德心理结构实际上也是一种"情理结构",道德情感虽然在道德行动中具有重要作用,但道德的本质并不是顺从情感的行为,而是理性主宰情感的意志行为,因为许多人所做出的道德行为甚至可以完全与自己的情感偏好相反,如果情感在其中发挥决定性作用,那么这样的道德行为便不会产生。因此,李泽厚一直高扬康德,认为康德的伦理学虽然过于形式化,但正是这种形式化才彰显出了道德的纯粹性和本质性特征,即道德的本质不是服从情感,而是服从理性命令。纯粹的道德行为之所以崇高,恰恰是因为它有悖于个人的一己之私,是富有个人自我牺牲精神的行为,所以才值得我们去敬佩和赞叹。因此,道德的核心是人性能力,是"理性凝聚"的自由意

---

① 李泽厚:《伦理学纲要续篇》,北京,生活·读书·新知三联书店,2017 年版,第 111 页。

志，这也是康德伦理学的一个要点。

善恶观念就是有关何者为善、何者为恶的一种道德观念。在李泽厚看来，善恶本身就是一种观念，这种观念虽然与身体的苦乐感有着密切的联系，但并不止于苦乐感受，而更多的是"一定时代社会群体所规范、制定、形成的观念体系、意识形态的一个部分"①。善恶观念并不是心理形式，而是有着具体内容的社会道德认知，它既是自由意志的具体内容，同时又能对道德情感产生重要作用。善恶观念与人性中的认知领域相对应，是一种理性认知，有正确和错误之分，并且具有历史和社会的相对性。在李泽厚看来，善恶观念是"经由社会意识灌输给个体的理性观念"②，是由外在伦理规范内化而来的个体道德的一个重要组成部分。之所以说善恶观念与人性中的认知领域相关，是因为善恶作为一种观念虽然有其生理和心理基础，但它首先且主要是一种理性观念，是一个人对于社会中有关什么是善、什么是恶的种种伦理规定、规范的观念性认知，这种认知主要通过道德教育而得以树立和传递，其目的就是让人知善恶、明是非。知道了什么是善恶是非，人性的意志能力才有行动的方向，人性的道德情感才有寄托的对象。在此意义上我们也可以推知，道德教育不仅仅是一种情感教育和身体教育（规训与惩罚），同时也是一种理性教育，外在的伦理规范也就是整个社会所认可的理性规范（礼即理），个体可以通过理性思维达到对这些规范的道德认知，从而更好地认同和内化这些规范。因此，道德教育不仅不应当排斥理性教育，反而应当加强道德教育中的理性认知功能。而且，在现实的儿童教育中，有关善恶对错的教育也是其中的一个极为重要的部分，因为儿童只有获得了正确的善恶观念，才能培育出肯定性的道德情感，否则，不知善恶，不明是非，儿童也就很难做出符合正常社会伦理规范的道德行为。因此，善恶观念虽然不是道德的主要形式，但却是这种形式的重要内容，只有知善才有可能行善，如果没有正确的善恶观念，那么道德意志所实现的往往也未必会是善，反而更有可能是恶，或者是以善的名义行恶。

此外，善恶观念并不是一成不变的，而是具有历史性和社会性的内容。善恶观念本身即是对于外在伦理规范的一种内在反映，个体对于善恶对错的观念判断往往与其所处的社会历史时期和道德教育有着密切的联系。因此，随着社会历史的变迁，不同时期的社会群体和道德个体便会有着不同的善恶观念，这也是伦理相对主义的一种表现。总之，社会在变迁，道德在发展，人与人之间的伦理关系和秩序也在不断变化，因此，作为由外在伦理内化而来的道德观念，其随着社会伦理制度的发展而变迁也就是正常和可以理解的了。

---

① 李泽厚：《伦理学纲要》，北京，人民日报出版社，2010年版，第168页。
② 李泽厚：《伦理学纲要》，北京，人民日报出版社，2010年版，第169页。

李泽厚把道德情感视为道德行动的重要助力,但并非道德的动力,道德的动力仍然是理性,包括"理性内化"的善恶观念(内容)和"理性凝聚"的道德意志(形式)。在西方伦理思想史上,休谟是道德情感论的重要代表。在休谟看来,人的理性并没有主动性,它只是发现和比较观念,对观念的真假做出判断,但并不能阻止和发动行为。理性甚至也无法进行道德判断和规定,因为理性判断所使用的系词是"是"或"不是",而道德判断却是"应当"和"不应当"的判断,因此,理性只能告诉我们一个观念是什么,而不能告诉我们应该怎么样,道德判断不是从理性判断中得出的,而是人的知觉活动的产物。所以在休谟看来,真正具有主动性的是人的道德情感,情感是人的当下的、直接的知觉,它在道德原则的刺激下能够发动人的意志而做出道德行动。道德来源于人的情感,理性只是情感的工具和助力。休谟的道德情感论与康德的道德理性论正相反。在康德那里,道德行为与情感上的好恶无关,甚至是对于情感偏好的绝对克服,道德行为是出于义务的理性行为,是自由意志对于绝对命令的必然服从。因此,道德是实践理性的纯粹使用,它与经验世界的偏好、情感无关。李泽厚对于康德和休谟都有所批评,在他看来,休谟明于情而弊于理,康德明于理而弊于形(式)。休谟虽然认识到了道德情感在道德心理和行为上的重要作用,但过于夸大了这种情感,没有意识到道德的本质特征乃是理主宰欲的活动。而且,休谟所谓的情感更多的还是人趋乐避苦的生物本能,而李泽厚的道德情感更看重理性在情感中的融化,即"情理交融"。相比之下,康德的道德理性论更能突出道德行为中理性主宰感性的本质特征,只不过这种理性的绝对主宰性又导致康德所设定的人仿佛是机器人:"我应该做,就能做,可以毫无情感地做事。"①但现实中的人恰恰是有着情感、欲望、本能的,难道说仅凭康德的一句话,人类历史几千年来的道德行为都要被抹杀掉吗?恐怕不是。因此,李泽厚认为,康德的最大问题在于他没有意识到这种理性主宰的"绝对命令"并不是外在的道德原则,而是内在的道德心理结构②,它不是先验的内容,而是经由历史积淀而产生的心理形式,这也是康德的伦理学只能作为形式主义的道德原则而不能被具体化的一个重要原因。

虽然道德的本质特征是理性主宰感性的活动,但这并不抹杀或忽视道德情感的重要性。恰恰相反,情感往往能够在道德行为的实现上发挥重要的助力作用。因为,现实中的人都是有着贪生怕死、趋乐避苦等生物本能的人,他们也会怯懦畏难、意志薄弱,也有所谓"知善而不行善"的时候。当然,"知善而不行善"是个十分复杂的社会和道德问题,但单从理论视角来说,其主要原因就在于,道德行为本质上是一种"舍利而取义"的行为,

---

① 李泽厚:《由巫到礼 释礼归仁》,北京,生活·读书·新知三联书店,2015 年版,第 200 页。
② 李泽厚:《伦理学纲要续篇》,北京,人民日报出版社,2017 年版,第 223 页。

而"趋利避害"又是人的自然本能，因此，道德本身就是一种需要勇气的行为，越高尚的道德，"取义"越大，"舍利"越多，也就越需要道德勇气和毅力。因此，仅仅有理性（善恶观念和道德意志）在现实生活中并不足以必然推动道德行为的实现，它往往还需要道德情感的助力，使人在道德行为的实现中获得精神上的满足和愉悦（而在不道德的行为中则产生心理和精神上的愧疚感和羞耻感），从而才能更好地推动道德活动的产生（并阻止不道德行为的发生）。总之，道德情感并不是道德行为的本质或主要特征，而是道德行为的重要助力，肯定性的道德情感如同情、爱心和否定性的道德情感如厌恶、仇恨等虽然会有助于道德意志的执行，但没有这种情感并不必然意味着不能实现道德。道德情感并非道德行为的充分条件或必要条件，而只是一种十分重要的助力因素。

如前所述，对道德心理结构的"三分"只是一种理想型划分，其目的是更好地认识人性、认识道德心理结构。在李泽厚看来，道德心理结构乃是一种"情理结构"，理性是人性的骨骼，也是道德的动力，但人并不仅仅只有理性，还有情感，后者才是人性的血肉，是道德的助力。值得注意的是，"情理结构"是一种"情理交融"的结构，它是理性中渗透着情感，情感中融合着理性，无论是善恶观念的理性认知还是理性凝聚的道德意志，都会引发相应的道德情感反应，而道德情感本身也会影响善恶观念的判断和道德意志的执行。再加上善恶观念和道德情感本身也是极为复杂和多样的，道德意志也有强弱大小之分，所以道德的行为本身也有可能是难以确定并伴随着复杂而矛盾的情感的（如"道德难题"）。但总体而论，如李泽厚所说，"人性能力与肯定性人性情感和正确的善恶观念（如现代社会性道德所提出的是非对错）相结合，才能够得到现实的和历史的广泛认同和赞许"①。一定的道德能力、正确的善恶观念和肯定性的道德情感②只有相互配合，彼此促进，才有可能实现真正的道德。

---

① 李泽厚：《伦理学纲要》，北京，人民日报出版社，2010年版，第169页。
② 当然，这并不是说否定性的道德情感如愧疚、羞耻、不安等就是有害的或错误的，它们也可以帮助道德意志避免做出不道德的行为，或者为了免于这种否定性道德情感的折磨而去做道德的行为。

学术争鸣

● 格林支持功利主义的理由及其问题
　　——兼与朱菁教授商榷

格林支持功利主义的理由及其问题
——兼与朱菁教授商榷

张子夏*

一、导 论

过去十余年间,约瑟华·格林(Joshua Greene)一直试图用道德心理学实验结果为功利主义辩护——更确切地说,格林希望通过质疑道义论的正当性来确立功利主义的合法地位。他的论证思路大致如下。他将道德判断分为两类——道义论的和后果论的,并指出,在一些思想实验中,我们可以很容易地区分道义论判断与后果论判断。比如说,在著名的"天桥困境"中,菲莉帕·富特(Philippa Foot)要求人们思考这样的场景:

> 一辆失控的电车所行驶的轨道上站有五个人;如果电车继续行驶并撞到他们,那么这五人会立即死亡。现在假设你站在一座横跨轨道、位于电车和五人之间的天桥上,你身边有一个形体壮硕的陌生人。拯救轨道上五人的唯一方式就是将天桥上的陌生人推下去,用他的血肉之躯阻止电车前行。这样一来,虽然这个陌生人会当场毙命,但轨道上的那五人会平安无事。现在要问的是,这种通过将陌生人推下天桥,牺牲一人、拯救五人的行为是对的吗?①

坚持功利主义的后果论者会给出肯定的答案;信奉康德主义的道义论者则会说,这种"以他人身体作为手段"的行为显然是不道德的。与此同时,康德主义者会用这种理由来否定功利主义的道德判断。

但道义论者给出的理由真的成立吗?在朱迪斯·汤姆森(Judith Jarvis Thomson)提出的"电车困境"中,除一点外,所有的情形都与"天桥困境"一样:你拯救轨道上五人的唯一方式是拉动轨道控制杆,让电车驶向一条只站有一人的轨道。②这同样是以一人性命为代价换取五人安全的行为,我们也可以说这是以他人身体为手段的行为;然而道义论

---

* 张子夏,南京师范大学哲学系讲师。

① Philippa Foot, "The Problem of Abortion and the Doctrine of Double Effect", *Oxford Review*, No. 5 (1967), pp. 5-15.

② Judith Jarvis Thomson, "Killing, Letting Die, and the Trolley Problem", *The Monist*, No. 59(1976), pp. 204-217.

者却不确定应当如何评价"电车困境"中的"一换五"行为。其中唯一的区别只在于,"天桥困境"中将陌生人推下天桥的行为是"贴近和切身的"(up close and personal)。但物理距离不应具有任何道德含义。因此,道义论者给出的理由并不成立。

既然理由并非如此,那究竟是什么促使道义论者做出这样的道德判断呢?格林等人的认知科学实验表明,就"天桥困境"做出道义论判断的被试反应时间比那些做出后果论判断的被试要短。此外,根据 fMRI 图像的结果:做出道义论判断被试的后扣带回、内侧前额叶、杏仁核等与情绪相关的脑区被激活;做出后果论判断被试的背侧前额叶、下顶叶这两个与认知相关的脑区出现较大神经活动。① 由此可见,道义论判断实际上受到情绪影响——它并不像康德主义者所说的那样,是实践理性的产物。因此这类道德判断是不可靠的。

从这些方面看,朱菁在 2013 年发表的题为"认知科学的实验研究表明道义论哲学是错误的吗?"的论文很好地展示了格林部分心理学实验的结果,并对其蕴含的一些规范伦理学意义进行了恰当的分析。在论文最后,朱菁对格林的挑战做出了自己的回应。他认为,格林的错误在于将"贴近的与切身的"行为对应于道义论判断,把"非切身的"行为对应于后果论判断。②

朱菁对格林观点的评述和反驳并没有什么原则性错误;问题在于,他没有进一步解释格林的论证以及与之相关的哲学议题,以至于对格林理论的部分解读和最后的解决方案都有些偏离要害。读者会想要知道,为什么格林要在贴近性和切身性上对道德判断进行二分?为什么他会认为受到情绪驱使的道德判断就是不可靠的?为什么他要通过否定道义论来为后果论提供辩护?朱菁的论文之所以不曾回答这些问题,是因为它存在以下两处瑕疵:①他没有对格林定义的道义论和后果论进行说明,因而没有谈论格林论证中道义论和后果论的关系问题;②他没有将格林提出的问题放到进化论语境中进行考察,导致其解决方案未能直接命中格林理论的要害之处。我将在这篇论文中对这两方面内容进行补充说明,以求从更大的视角来诠释格林道德心理学实验的意义及问题。

---

① J. D. Greene, L. E. Nystrom, A. D. Engell, et al., "The Neural Bases of Cognitive Conflict and Control in Moral Judgment", *Neuron*, No. 2(2004), pp. 389-400.

② 朱菁:《认知科学的实验研究表明道义论哲学是错误的吗?——评加西华·格林对康德伦理学的攻击》,《学术月刊》,2013 年第 1 期,第 61—62 页。

二、格林眼中的道义论与后果论

细心的读者会发现,朱菁那篇论文的标题是"认知科学的实验研究表明后果论是正确的吗?"这是作者粗枝大叶导致的错误吗?事情并非如此。对格林而言,"道义论是错的"和"后果论是对的"说的是同一回事。为什么这样说呢?

这个问题对于格林的论证而言至关重要。因此在他 2008 年的著名论文中,"定义道义论和后果论"的部分甚至被摆在了"定义'认知'和'情感'"以及"科学证据"之前。① 朱菁在论文中也提到了道义论和后果论的定义。他指出:"后果论认为,我们对一个行为的道德评判,取决于我们对于该行为所可能导致的各种后果的测算与评估,功利主义即是后果论伦理学的典型代表。道义论则认为,我们对一个行为的道德评判,从根本上说并不取决于该行为所产生的后果,而是取决于该行为的动机和过程是否符合我们所遵循的一些基本道德准则,康德伦理学通常被认为是道义论的典型。"② 当然,根据传统的定义,道义论和后果论的区别在于是否将后果当作唯一至关重要的事(only things that ultimately matter)。因此,比如说摩尔(G. E. Moore)那种既注重过程又关心结果的理论就不能被算作是后果论。③ 格林在开始讨论这个问题时也提到了对这两个概念的"标准解释"。

然而事情至此并未结束。格林本人在阐述道义论和后果论的"标准解释"后,立刻说道:"就这种解释而论,我的论点似乎从定义上看就错了。"④格林完全意识到,他所要讨论的道义论并不是那种受规则支配、注重权利义务关系的东西。换言之,他不可能接受传统的定义。那么他要如何定义道义论呢?又凭什么说自己说的道义论与康德主义者所说的是同一回事呢?

格林最初的想法或许来源于乔纳森·海特(Jonathan Haidt)关于道德直觉的实验。在其 2001 年的论文中,海特认为一系列心理学证据都指向了这样一个事实:我们的道德

---

① J. D. Greene, "The Secret Joke of Kant's Soul", in Walter Sinnott-Armstrong, ed., *Moral Psychology*, Vol. 3, Cambridge, MA: The MIT Press, 2008, pp. 37-41.

② 朱菁:《认知科学的实验研究表明道义论哲学是错误的吗?——评加西华·格林对康德伦理学的攻击》,《学术月刊》,2013 年第 1 期,第 56 页。

③ Scott Soames, "Philosophical Analysis in the Twentieth Century", Vol. I, Princeton, Oxford: Princeton University Press, pp. 79-85.

④ J. D. Greene, "The Secret Joke of Kant's Soul", in Walter Sinnott-Armstrong, ed., *Moral Psychology*, Vol. 3, Cambridge, MA: The MIT Press, 2008, p. 63.

判断并不像康德主义者所说的那样,是由实践推理而来的——它们其实是情绪作用的结果。康德主义者给出的推理过程只不过是事后对该判断进行合理化的产物。海特把他的这种新理论称作"社会直觉模型"。① 参照海特的说法,我们就会得出这样的结论:康德主义者错误地解释了导致道义论判断产生的心理过程。与此相仿,格林论文当中的一个重要口号是:"道义论是一种道德上的虚谈(moral confabulation)。"②什么是虚谈呢?所谓"吊桥效应"就是很多人都熟悉的一个例子。因为走过可怕的吊桥而心跳加速、掌心出汗的男性被试向漂亮的女性实验者提出约会请求的概率比一般男性在正常情况下向这些实验者提出约会请求的概率要高出一倍。前者会错误地将由走过吊桥引起的心理上的兴奋状态归因于实验者的美貌。③ 显然,这是一种事后的合理化(post hoc rationalization)——此时主体给出的理由实际上并不存在;它们是主体杜撰出来的东西,是一种"虚谈"。而根据海特的社会直觉模型和格林的实验结果,康德主义者为道义论判断给出的说明也只不过是虚谈罢了。

但传统的道义论定义对于格林来说也不是毫无用处。他似乎倾向于把它看作"内涵"(intension)或"摹状词"。但根据克里普克的语义外在论,指称(外延)并不是由内涵决定的——它是在最初的命名仪式中被固定(fix)下来的。④ 因此即使在某个可能世界中,"晚上出现的第一颗星"不是金星,我们也应该说"昏星"指称的是金星。同样地,格林认为道义论的传统定义和"晚上出现的第一颗星"一样,只是一个摹状词——它不像专名那样是严格指示词(rigid designator)。格林似乎认为,道义论也是类似于专名的东西;它所拣选的对象是"心理模式"(psychological patterns),是道德思想的方式。⑤ 具体来说,根据他和海特的实验结果,道义论判断是受情绪驱动的,后果论则是由成本-收益分析产生的。

上述阐释和格林对这两种道德判断"功能性角色"的关注会让我们很自然地联想起著名的心智架构理论:双进程说(dual-process account)。比如根据埃文斯(J. B. T. Evans)的说法,一个人的大脑中存在着两个心智。心智 1 是快速的、直觉性的、高效的;

---

① Jonathan Haidt, "The Emotional Dog and its Rational Tail: A Social Intuitionist Approach to Moral Judgment", *Psychological Review*, No. 4(2001), pp. 814-834.

② J. D. Greene, "The Secret Joke of Kant's Soul", in Walter Sinnott-Armstrong, ed., *Moral Psychology*, Vol. 3, Cambridge, MA: The MIT Press, 2008, p. 63.

③ D. G. Dutton and A. P. Aron, "Some Evidence for Heightened Sexual Attraction under Conditions of High Anxiety", *Journal of Personality and Social Psychology*, No. 30(1974), pp. 510-517.

④ Saul Kripke, *Naming and Necessity*, Cambridge, MA: Harvard University Press, 1980.

⑤ J. D. Greene, "The Secret Joke of Kant's Soul", in Walter Sinnott-Armstrong, ed., *Moral Psychology*, Vol. 3, Cambridge, MA: The MIT Press, 2008, p. 37.

心智 2 则是慢速的、反思性的、低效的。① 心智 1 在进化过程中被"设计"出来解决领域特殊的(domain-specific)问题,它能让我们的祖先在碰到具体问题时迅速做出反馈;心智 2 则具有领域上的一般性(domain-general),它主要用来解决逻辑、数学等理论问题。由此可见,格林似乎将道义论判断和后果论判断分别看作是心智 1 和心智 2 的产物。

为什么要提到这些内容呢?因为它们首先可以帮助格林使其论点规避"在定义上就错了"的问题。既然道义论是根据其功能性角色获得定义的,那么在确定某个判断是不是道义论判断时,我们就不应当根据传统定义进行思考,而是要看它是不是心智 1 的产物。这样一来,格林反倒可以通过定义来拒绝某些反例——他可以说,某些看上去是道义论的判断实际上不是心智 1 的产物。当然,我并不是说格林的这种说法是正确的。相反,我认为朱菁提出的反驳是正当的。盖伊·卡亨(Guy Kahane)也在最近的一篇论文中指出,格林的研究只是区分了"符合直觉的道德判断"和"反直觉的道德判断";他将"符合直觉"与"道义论判断"配对的做法是不正当的。首先,道义论判断当中也有反直觉的例子。比如说,康德就认为,当一个被杀人狂追杀的人躲在你家里时,你不应通过对杀人狂撒谎来挽救被追杀者的性命。其次,格林认为人们在做出后果论判断时之所以反应时间较长,是因为他们在进行成本-收益分析。但卡亨指出,在格林的案例中,对成本-收益的简单计算(比如得出 1<5 的结论)根本花不了那么久。后果论者耗时较长的原因只在于他们要说服自己接受反直觉的判断。② 倘若事情真如卡亨所言,那么格林的"配对"就是有问题的。但在这里,我们的目的是要理解格林的论证方式,所以可以暂且抛开这个话题。朱菁所述解决方案的缺点在于,它并没有去追问格林为什么要讨论道德判断是否涉及贴近和切身的行为,因而忽略了一些更为根本性的问题。这一点将在后文中得到说明。

关于道义论和后果论定义讨论的另一个意义在于,它能帮助我们回答本部分开头处提出的问题:为什么在格林看来,否定道义论就等于维护后果论。彼得·辛格(Peter Singer)认为,人们用以反对功利主义的最强武器是"我们共享的道德直觉",也就是格林意义上的道义论判断。③ 格林也在一次私下交流中向我供认,他之所以反对道义论,是因为道义论是后果论的废止器(defeater)。但如果按照一般理论,即使证明道义论是错的,我们也没有足够的理由相信后果论是对的——因为在这二者之外,规范伦理学中还

① J. B. T. Evans, "Intuition and Reasoning: A Dual-Process Perspective", *Psychological Inquiry*, No. 4(2010), p. 313.
② Guy Kahane, "Intuitive and Counterintuitive Morality", in J. D'Arms and D. Jacobson, eds., *Moral Psychology and Human Agency: Philosophical Essays on the Science of Ethics*, Oxford: Oxford University Press, 2014, pp. 9-39.
③ Peter Singer, "Ethics and Intuitions", *The Journal of Ethics*, No. 9(2005), p. 343.

可能存在其他选项,比如现在已经声名狼藉的社会达尔文主义。然而根据前面的论证,我们只有两种心智类型,它们又正好产生出两种道德判断,那么在道义论被否决的情况下,后果论似乎就是唯一合理的选择。这样一来,格林就能宣称自己是在通过做一件事来解决两个问题了。

三、来自进化论的议题

那么格林是否能成功地否定道义论呢?这在很大程度上取决于这个问题的答案:"当道德判断受情绪驱使时,它是否就为假或变得不可靠?"当然,格林可以说,既然道义论判断并非如其支持者所说,是实践理性的产物,那么它就显得十分可疑了。但可疑归可疑,这终究无法说明道义论判断错了。

这个时候我们终于要好好聊一聊关于贴近和切身行为的话题了。辛格指出,只有把格林的理论放到"道德的进化"这样一个更大的视角下理解时,它才会显得更加清晰。[①]之前说到,道义论判断是心智 1 的产物,而心智 1 是用以解决我们祖先在进化过程中遇到的实际问题的。现在要问,为什么人们倾向于认为"天桥案例"中贴近和切身的行为是错的呢?它对应于远古时期怎样的实践问题呢?辛格的解释是,人类祖先都是以小群体为单位生活的。在这些小群体中,暴力只能以贴近和切身的方式实施——比如拳打脚踢,或使用石木制成的棍棒进行袭击。为应对这样的情形,人类进化出了直接的、情绪化的反应来保证与他人之间贴近、切身的交互活动能正常进行。[②] 由此可见,所谓贴近和切身的行为只不过是人类祖先在进化过程中遇到的一个偶然问题;如果他们以个体或家庭为单位进行活动,并且很早就发明出了投掷武器,那么结果就会改变:他们会对非贴近和切身的行为表示反感。对贴近性和切身性的反应只是一个特殊例子,除此之外还有各种各样由进化塑造的"道德倾向"或"道德情绪"。

比如说,海特就提到过一个与乱伦相关的思想实验。假设一对兄妹在某个晚上试着做爱。他们采取了避孕措施。在那一晚之后,他们觉得这件事对于增进彼此之间的感情而言很有帮助,但他们决定再也不这样做了。根据海特的实验结果,许多被试都认为这对兄妹的乱伦行为是错的,但无法说出错在哪里。[③] 这个思想实验和"天桥困境"想要表

① Ibid., p.347. 同时辛格在脚注 29 中写道:"这也是格林自己提出的观点。"
② Ibid., pp.347-348.
③ Jonathan Haidt, "The Emotional Dog and its Rational Tail: A Social Intuitionist Approach to Moral Judgment", *Psychological Review*, No.4(2001), p.814.

达的其实是一回事，即进化而来的情绪会影响我们的道德判断；但海特的案例显然没有触及贴近性和切身性问题。

问题到这里并没有结束。我们应当接着问：由心智 1 产生的道德判断是否就必定不可靠呢？我们可以试着将之与埃文斯关于推理的双进程说进行对比。埃文斯在 2003 年的论文中指出，人们在解决某些"领域特殊"的推理问题，比如"侦测欺骗者问题"时，表现得非常出色；但在解决具有同样逻辑构造却具有一般性的推理问题，比如"华生选择测试"时，表现得十分糟糕。① 换言之，在解决与推理相关的问题时，心智 1 的表现比心智 2 更好。由于这类反例的存在，我们不能仅仅因为道义论判断是心智 1 的产物就说它是错的。塞利姆·博科(Selim Berker)也持同样的看法。他清楚地指出，"情绪是坏的、推理是好的"是一个糟糕的论点。②

但近年来由理查德·乔伊斯(Richard Joyce)和莎伦·斯特里特(Sharon Street)提供的论证确实能为格林的观点提供辩护。比如乔伊斯在《道德的进化》一书中指出，道德情绪，以及在其基础上发展而来的道德判断在进化上的功能是提高个体(或基因、群体)的适应度，而不是"追踪"(track)道德真理。因此，我们的"道德官能"和由它生产出来的道德判断都是不可靠的。③ 但这并不是说被自然选择力量留存下来的所有判断机制都是不可靠的。前面我们已经看到了埃文斯关于推理的例子。乔伊斯也认为，道德判断与知觉判断、数学判断的情形不同。就后者而言，如果它们不能为真，那它们就不会被选择。换言之，对知觉判断、数学判断而言，只有当它们为真时，才可能为个体(或基因、群体)带来收益。比方说，如果说我们的视觉无法正确表征外部世界，会让人把狮子错认为绵羊，那么我们祖先生存、繁衍的机会就会减少。道德判断的情形则不然；哲学家们一般认为道德判断的作用是促使社会稳定。那么即使它们为假，只要其能够顺利完成调整社会关系的任务，相应的道德判断就会被选择。④ 因此在乔伊斯等人看来，只有与道德判断类似的判断才是不可靠的。

卡塔日娜·德·拉扎里-拉德克(Katarzyna de Lazari-Radek)和辛格提出了进一步的论证。他们认为，只有道义论判断才符合乔伊斯等人的描述；后果论判断的情形则与数学判断相似(成本-收益分析本质上是数学运算)。因此，后果论判断完全可以跳出其攻

---

① J. B. T. Evans, "In Two Minds: Dual-Process Account of Reasoning", *Trends in Cognitive Science*, No. 7(2003), pp. 454-459.

② Selim Berker, "The Normative Insignificance of Neuroscience", *Philosophy*, *Public Affairs*, No. 4 (2009), p. 316.

③ Richard Joyce, *The Evolution of Morality*, Cambridge, MA: The MIT Press, 2006.

④ Sharon Street, "A Darwinian Dilemma for Realist Theories of Value", *Philosophical Studies*, No. 1 (2006), pp. 109-166.

击范围,成为唯一可靠的道德判断。辛格等人甚至认为,我们应当采用基础主义的方案,将所有道德判断都建立在功利主义原则之上。① 正是基于这些理由,格林大胆地宣告了道义论的衰落和后果论的崛起。

四、格林的问题之所在

尽管这些来自进化论的解释似乎能让格林得出结论说,由心智 2 产生的道德判断比心智 1 产生的道德判断更可靠,它们在认知上的可信度更高,但它是否真能决定性地支持后果、拒绝道义论呢?我认为答案是否定的。其原因正如上一部分结尾处所说,道义论判断和后果论判断未必分别对应于心智 1 和心智 2 的产物。根据博科的看法,我们至少能提出两类理由来质疑格林等人的论证。第一类理由源自经验上的问题。事实上,在格林的实验中,做出道义论判断的被试所激活的也有与情绪相关的脑区。倘若如此,拉扎里-拉德克和辛格的论证就无法成立——因为他们的结论建立在"后果论判断完全是认知过程的结果"这一假设的基础上。如果后果论判断也受到情绪的影响,那么他们用于"揭穿"(debunk)道义论判断的论证也会削弱自己的论点。其次,之前说到,格林等人对反应时间的解读可能是有问题的。另一方面,博科指出,他们呈现反应时间的方式也是有问题的。格林等人给出的只是一个跨案例的平均值,而不是每个案例的平均值。这就意味着某些案例中可能存在着反应时间差值可忽略不计甚至与跨案例平均值相反的情况。由于反应时间是格林将"道义论判断和后果论判断"与"心智 1 和心智 2 的产物"进行配对的证据之一(心智 1 是快速的,而心智 2 是慢速的),因此在该经验问题得到确证之前,我们势必要对这类配对方式打上一个大大的问号。

第二类质疑格林论证的理由来自哲学上的问题。正如朱菁提到的那样,格林等人在他们的实验中挑选了一些能引发道德直觉的"贴近和切身的"案例。为什么他们要这样做呢?为什么不像前文中所说的那样,提供一些看似能激发道德情感的案例呢?比如海特那个与乱伦相关的思想实验。因为"道义论具有情感负载"正是格林等人所要证明的结论;如果事先挑选看似能激发道德情感的案例,那么他们最终就只能提供一个循环论证。为解决这个问题,格林必须打从一开始就为道义论判断和后果论判断之间的区分提供一个独立的标准。格林也意识到了这一点。他在实验中给出了一系列类似于"电车困

---

① Katarzyna de Lazari-Radek and Peter Singer,"The Objectivity of Ethics and the Unity of Practical Reason ", *Ethics*, No. 123(2012), pp. 9-31.

境＋天桥困境"的案例组合。问题在于,我们凭什么认为其他案例与电车困境和天桥困境类似呢? 格林的回答是:这些案例都是涉及贴近和切身行为的。但一方面,正如前文所述,依照格林对道义论和后果论的定义方式,这类案例只能构成引发道义论直觉和后果论直觉之案例的一个子类——它们是类似于"电车困境＋天桥困境"这一特殊案例组合的情形。然而这并不是唯一的情形。另一方面,正如博科所说,我们无法确定电车困境的本质问题就在于贴近性与切身性。电车案例之所以能在一阶伦理学中成为长期以来难以解决的两难困境,是因为我们难以提供确定的原则来言明其中所蕴含的实质问题。而造成这一现象的原因在于,每当人们提出像天桥困境这样的案例来论证(比如说)贴近性与切身性是关键所在时,哲学家总会构思出反例来说明事情并非如此。例如在弗朗斯西·卡姆(Frances Kamm)的"懒人苏珊"(Lazy Susan)案例中,问题似乎就不在贴近性和切身性上。假设一辆失控的电车正驶向五个无辜的人。这五个人都坐在一个名叫苏珊的懒惰巨人身上。拯救这五个人的唯一方式是推动懒人苏珊,让她把这些人抛出轨道。但在这样做时,懒人苏珊会撞到一个无辜的旁观者,并导致其死亡。[①] 根据卡姆的直觉,虽然这是个与贴近、切身伤害相关的案例,但我们更倾向于做出功利主义的判断。朱菁在他的论文中则建构了一个可能使人做出道义论判断的非贴近、非切身的情形。但反对"贴近和切身"这一标准本身并不是问题所在;毋宁说,问题在于,由于诸多反例的存在,我们缺乏这样一个区分标准。在这种情况下,格林等人以"电车困境＋天桥困境"为范式来挑选案例的做法是缺乏正当性的。正是考虑到这一点,博科才会说,只有当一阶伦理学在这个问题上得出令人信服的结论后,神经科学才能发挥某些间接作用。[②] 反过来说,在现阶段,格林的实验几乎没有实质意义。

除了博科提供的理由外,我认为还有一个语义学上的考虑能质疑格林将"心理模式"看作某类道德判断指称的做法。正如本文第二部分中所说,格林似乎想借用克里普克-普特南的语义外在论来确定某类道德判断的指称。但这样做是十分可疑的。没错,克里普克在《命名与必然性》中持一种科学本质主义的态度,但他所谈论的是专名和自然类。根据传统定义,自然类指的是因为内在结构相同而表现出相似性的种类。那么某类道德判断是自然类吗? 或许格林会说,由于道德判断随附于某些物理的东西,而当这些物理的东西具备某些内在结构时,相关的道德判断就同属一类。但如果我们回想一下克里普克关于疼痛的阐释,就会发现他的科学本质主义是排斥这种随附论的。在他看来,疼痛

---

① F. M. Kamm, "Mortality", *Vol. Ⅱ*: *Rights*, *Duties*, *and Status*, *Oxford*: *Oxford University Press*, 1996, *p.154*.

② Selim Berker, "The Normative Insignificance of Neuroscience", *Philosophy*, *Public Affairs*, No. 4 (2009), p. 327.

和心理(神经)的东西之间只存在或然的关联——它们始终是两个东西。我们不能说"疼痛等于 C 神经纤维的激活",只能说"疼痛与 C 神经纤维的激活之间存在经验上的关联"。同理,我们没有理由认为某类道德判断的指称是某个心理模式。或许有人会说,格林只要说明二者之间存在或然联系就够了。其实不然。如果某个道德判断与某个心理模式之间不存在必然联系,那么格林就该心理模式提出的主张就未必适用于该道德判断。比如说,当格林说心智 1 的产物不可靠时,我们无法由此推出道义论判断不可靠。因为道义论不等于心智 1 的产物。在这种情况下,格林的神经科学结果就无法对道义论与后果论之争产生影响。

书评

● 从理论到践行的演绎
　　——评《社会主义核心价值观构建
　　与践行研究》

从理论到践行的演绎

——评《社会主义核心价值观构建与践行研究》

周琳钰[*]

　　社会主义核心价值观的提出、形成和践行是政治文明发展的必然结果,也是中国特色社会主义建设的必然要求。社会主义核心价值观是当前文化体系的基本内核,是对中华民族优秀文化的高度概括和集中凝练,能够有效指导中国特色社会主义的建设,引领我国文化事业的建设和社会生活的开展。由李建华等专家撰写的《社会主义核心价值观构建与践行研究》围绕我国社会主义核心价值观构建与践行这个核心主题,进行了十分清晰的逻辑理路设计,从理论和实践角度对社会主义核心价值观展开了深入的研究和探讨,为社会主义核心价值观构建与践行提供有效的理论和实践指导。

一、理论层面:厘清社会主义核心价值观概念内涵等问题

　　其一,对"价值"、"价值观"和"社会价值观"等词进行了详细的概念辨析。其对于价值概念的辨析从它的起源入手。在古希腊哲学中,价值依附于善而存在,具有形而上的本体论意义,善价值作为永恒的本质,为人们所追求,并且给予人类生活以自然的合理性基础和内在规定性。在辩证唯物主义和历史唯物主义视域中,观念是人类整体对于世界万物的反映和感受。观念是具有动态性、时效性的。而所谓的价值观则是与价值相关的观念,究其本质,属于一种体系化的善观念,表达了人们对于世界、事物的基本理解、判断和评价。离开基本的善观念,价值观就缺乏根本的基础,这也是价值观区别于其他观念的根本特征。

　　其二,在辨析相关概念的基础上,进一步说明社会主义核心价值体系的内涵与意义。在其内涵研究中则分别介绍了作为国家政治整体目标的社会主义核心价值观内涵、作为社会政治图式的社会主义核心价值观内涵和作为公民道德的社会主义核心价值观内涵。同时对社会主义核心价值观与社会主义核心价值体系的关系做了充分的研究,认为社会主义核心价值观是以社会主义核心价值体系为基础,又是社会主义核心价值体系的

　　*　周琳钰,中南大学公共管理学院哲学硕士研究生,主要从事伦理学研究。

精髓。

其三,认为研究社会主义核心价值观的构建与践行,离不开对古今中外核心价值观的构建与践行的经验教训的反思。在中国传统社会核心价值观方面,该书主要讲解了儒家、道家、墨家、法家、杂家和秦至清末等时期的核心价值观构建与践行。在西方资本主义社会核心价值观方面,该书主要讲解了古希腊时期、古罗马时期、基督教与西方人文主义价值观的构建与践行。通过中西方的比较得出三个结论:①核心价值观践行力与所构建理论之完善程度正相关;②核心价值观构建必须围绕时代课题以获得践行力;③核心价值观践行力与社会心理认同度正相关。

其四,系统阐述了社会主义核心价值观构建的基本理论问题。分析社会主义和核心价值观的构建的必要性,提出了其构建的政治伦理基础和合法性依据。认为构建社会主义核心价值观是坚持社会主义道路、坚持中国共产党领导的内在要求,是时代对良善价值的呼唤,是构建良好价值秩序的逻辑起点,是社会主义核心价值观体系的建设任务,是提高国家文化软实力的重要途径,是中国对世界文化繁荣的重要担当。中国共产党是社会主义核心价值观的党政基础,马克思主义思想为其政治文化基础。

二、实践层面:建构社会主义核心价值观践行的基本路径

其一,提出了独特的提炼社会主义核心价值观的原则和方法。以社会主义核心价值观提炼概括的外在形式与实质内容为依据,把社会主义和性价值观提炼的原则分为形式性原则与实质性原则,其中:形式性原则包括人民参与、实事求是、通俗易懂以及开放稳定等内容;实质性原则包括符合社会主义本质、符合政治制度、符合民族文化事情、吸收人类文明成果以及为人民服务等内容。更为重要的是认为社会主义核心价值观是对西方价值观的超越,是一种"德"的体现,既是个人的德,也是一种大德,即国家的德、社会的德。

其二,就如何加强社会主义核心价值观的传播、教育和认同提出了新颖高效的解决办法。社会主义核心价值观的传播、教育、认同和内化,是一个由外而内的价值观生成和发展过程,是社会主义核心价值观从建构到践行的必经环节。面对社会主义核心价值观的传播、教育和认同当中存在的诸多挑战,该书认为我们要加强学习教育,促进爱国、敬业、诚信、友善的个体价值观,营造宣传文化氛围,促进自由、平等、公正、法制的社会价值观,建立全球传播渠道,促进富强、民主、文明、和谐的国家价值观。

其三,系统地构建了践行社会主义核心价值观的机制、方法与途径。践行目标为建

立全社会的共同信仰,形成全民族的精神纽带,并且最大限度地体现社会的多元诉求。要求建立理性与情感认同机制、自律转化机制、制度保障机制、利益互动机制、检测与反馈机制等,并要固化宣传内容,形成社会主义核心价值观的稳定体系,国家应加大投入,奠定坚实的物质基础,学校应从小培养公民对社会主义核心价值观的信仰。

整体看来,该书的系统论证,倾注了作者的高度理论自觉和实践精神,展现了深厚的理论学养和爱国情怀。理论来源于现实并在实践中得到发展和检验,摒弃抱残守缺的成见,要让《社会主义核心价值观的构建与践行研究》所阐释的这种真正体现原创性精神的理论继续在实践中开拓创新,为中国社会主义核心价值观体系的传播与践行提供坚实的理论基础。